René Prümmel

Homöopathie für Hunde

Oertel+Spörer

Titelabbildung:
Foto: Angeline Bauer

Bildnachweis:
Michael Brandstätter: S. 106
www.fotolia.com: S. 8, 20, 41, 51, 53, 65, 70
Hilke Müller S. 76

Alle anderen Fotos: Angeline Bauer/René Prümmel

Haftungsausschluss

Bibliografische Information Der Deutschen Bibliothek

Die Deutsche Bibliothek verzeichnet diese Publikation in der Deutschen
National-bibliografie; detaillierte bibliografische Daten sind im Internet
über http://dnb.d-nb.de abrufbar.

© Oertel+Spörer Verlags-GmbH+Co. KG – 2008
Postfach 16 42, 72706 Reutlingen
Alle Rechte vorbehalten
Schrift: 9/11 p Stone
Redaktion: Redaktionsbüro Michael Brandstätter, Füssen
DTP und Repro: Uhl+Massopust, Aalen
Druck und Bindung: Oertel+Spörer Druck und Medien-GmbH+Co., Riederich
Printed in Germany
ISBN 978-3-88627-818-3

Inhalt

Einführung.. 7

Homöopathie ist Energie... 8
   Hilfe bei jeder Krankheit 9
   Die drei Säulen der Homöopathie................................... 10
   Die Anamnese beim Hund 10
   Mittelbilder auf den Hund übertragen.............................. 11
   Die Herstellung der Arzneien 12

Die homöopathische Behandlung in der Praxis 13
   Das Tier als Patient 13
   Klassische Homöopathie oder Komplexmittelhomöopathie?...... 14
   Modalitäten nutzen... 16
   Konstitutionelle Mittel.. 17
   Verschiedene Hausapotheken 18

Krankheiten und Beschwerden... 21
   Erkrankungen der Augen.. 22
      Bindehautentzündung... 22
      Hornhauttrübung.. 23
      Tränenfluss 23
      Gerstenkorn 23
   Erkrankungen der Ohren 24
      Gehörgangsentzündung 24
      Mittelohrentzündung 24
   Maul- und Zahnbeschwerden 25
      Zahnung.. 26
      Karies 27
      Parodontitis.. 27
      Lockerheit der Zähne 28
      Zahnbehandlung... 28
   Erkrankungen der Atemwege 28
      Nasenschwamm 29
      Nasenbluten 29
      Infektionen 30
      Schnupfen 30
      Halsentzündung... 30
      Kehlkopfentzündung 31
      Bronchitis 31
   Erkrankungen der Verdauungsorgane.............................. 32
      Erbrechen 32
      Diarrhö... 33

Verstopfung 33
Diabetes mellitus 34
Appetitstörungen 34
Abmagerung 35
Hepatitis 35
Afterjucken 36
Herz- und Kreislaufbeschwerden 36
Erkrankungen der Harnorgane 38
Blasenentzündung 38
Inkontinenz 38
Nierenentzündung 39
Erkrankungen des Bewegungsapparats 39
Arthritis 39
Arthrose/Rheumatismus 40
Lähmung 40
Torticollis/Schiefhals 41
Haut- und Fellerkrankungen 42
Abszess 42
Allergie 42
Ekzeme 43
Juckreiz 44
Warzen 45
Haarausfall 45
Schuppen 46
Erkrankungen der Geschlechtsorgane des Rüden 47
Vorhautkatarrh 47
Hodenentzündung 48
Prostatitis 48
Erkrankungen der Geschlechtsorgane der Hündin 49
Scheinträchtigkeit 49
Scheidenentzündung 50
Geburt 50
Welpen und Impfen 52
Wie sinnvoll ist Impfen? 52
Impffolgen 52
Die homöopathische Sicht 53
Borreliose 54
Zwingerhusten 54
Arzneien für Impffolgen 55
Tumoren 55
Auffälliges Verhalten 56
Aggressivität 57
Angst 58
Eifersucht 59
Fahrkrankheit 59

Heimweh 60
Krämpfe und Zittern 60
Operationen... 61

Erste Hilfe 63
Den Hund untersuchen....................................... 63
Schlag, Prellung, Quetschung 65
Schürf- und Bisswunden.................................... 66
Stich- und Schnittwunden 67
Knochenbrüche 67
Vergiftungen 67
Zerrung, Verrenkung, Verstauchung............. 68
Hitzschlag 69

Konstitutionstypen 70
Miasmenlehre.. 70
Konstitutionsmittel 71
Den Hund im Mittelbild erkennen 72

Ernährung und Diät.. 82
Die hundgerechte Diät 84

Der alternde Hund 87
Spuren des Alterns.. 87
Das Altern homöopathisch begleiten 88

**Arzneien und ihre Modalitäten
in alphabetischer Reihenfolge** 91

Anhang.. 112
Über den Autor.. 112
Verwendete Literatur 112

Einführung

Die Erfahrung, dass Homöopathie eine adäquate Alternative zur Schulmedizin sein
kann, haben inzwischen viele Menschen gemacht. Auch die Haustiere profitieren vom zu-
nehmenden Interesse an dieser Heilmethode.
So belegen Studien mit brustkrebsoperierten
Hunden, dass eine homöopathische Nachbehandlung zur deutlichen Lebensverlängerung
führt und die Bildung von Metastasen dras-
tisch verringert. (Nano, 3Sat, 25. 5. 01)

> **Hinweis**
> *Wenn bei einer eventuellen Selbstbehandlung keine rasche Besserung erfolgt, sollte nicht gezögert werden, sich an einen Homöopathen oder Tierarzt zu wenden.*

Die Erfolge in der täglichen homöopathischen Haustierpraxis machen
Mut, die Kenntnisse dieser Heilmethode auf breiterer Basis als bisher zu
nutzen. Dieses Buch möchte Ihnen helfen, sich mit der Homöopathie ver-
traut zu machen und Sie mit einer Fülle an Informationen zu versorgen,
die für eine erfolgreiche praktische Anwendung notwendig sind.

Nehmen Sie sich Zeit die Prinzipien dieser Heilmethode kennen und
verstehen zu lernen, denn Homöopathie funktioniert anders als die Schulmedizin – sie setzt in vielerlei Hinsicht ein Abstand nehmen von dem uns so
vertrauten schulmedizinischen Denkansatz voraus, und das ist, so zeigt die
Praxis, häufig das größte Hindernis für eine erfolgreiche homöopathische Behandlung. Die Faszination dieser Heilmethode liegt für mich darin, dass
sie Krankheit mit relativ einfachen Mitteln heilbar macht, indem sie zeigt,
wie kranke Menschen und kranke Tiere mit ein wenig energetischer Un-
terstützung wieder zur Gesundheit gelangen können, wenn nur die uns
innewohnende natürliche Selbstheilungskraft genutzt wird.

Der deutsche Arzt und Apotheker Samuel Hahnemann hat uns vor gut
200 Jahren mit der von ihm so benannten Homöopathie ein Heilsystem
geschenkt, das nach genau umschriebenen Regeln und Prinzipien aufgebaut ist und so auch funktioniert. Resultat seiner jahrelangen Forschungs-
bemühungen waren reproduzierbare Heilerfolge, die inzwischen Millio-
nen Patienten weltweit überzeugen konnten.

Leider gibt es in diesem Bereich auch viele Hersteller und Therapeuten,
die sich gerne mit fremden Federn schmücken und sich fahrlässig der
Bezeichnung „Homöopathie" bedienen, ohne die Grundregeln dieser
ganzheitlichen Heilmethode zu berücksichtigen. So sind in den letzten
Jahren viele Produkte und Dienstleistungen auf den Markt gekommen,
die mit der von Hahnemann entwickelten und bewährten Heilmethode
nur noch wenig zu tun haben.

Ärzte und Heilpraktiker, die die Homöopathie weiterhin seriös und
so anwenden, wie sie von Hahnemann formuliert wurde, nennen sich
„klassische Homöopathen", wozu ich mich bekenne.

René Prümmel **7**

Homöopathie ist Energie

Ein natürlicher Prozess
Wer Krankheit als „Feind"
versteht, den es mit allen
Mitteln zu bekämpfen gilt,
wird sich mit der Homöo-
pathie nicht anfreunden
können. Wer es anerkennt,
dass Kranksein und Gesundwerden zum natürlichen
Prozess der Selbstheilung
gehören, wird aus dieser
Heilmethode jedoch großen
Nutzen ziehen können.

Das homöopathische Behandlungsprinzip besteht darin, die Selbstheilung des Organismus
mit feinen Impulsen zu stimulieren. Krankheitssymptome sind Abwehrmechanismen,
die der Körper mobilisiert, um mit einer Störung fertig zu werden. Dieses natürliche Heilbestreben, über das jeder Mensch und jedes
Tier von Geburt an verfügt, ist ein energetisch bedingter Prozess. Deshalb werden zur
homöopathischen Behandlung auch Arzneien verwendet, die eine energetische Wirkung haben, keine chemische.

Die Kunst bei der praktischen Therapie ist
es, von Fall zu Fall jene Arznei zu ermitteln,
für deren Energiefrequenz der kranke Organismus gerade empfänglich ist. Vergleichbar
ist dies mit dem Radio- oder Fernsehempfang, wo der gewünschte Sender
auch nur bei richtig gewählter Wellenlänge angepeilt werden kann. Be-

Ein gesundes Tier befindet sich körperlich und seelisch im Gleichgewicht.

kommt der Patient die richtig gewählte Arznei, gibt sie der Selbstheilung einen Energieschub und beschleunigt so die Genesung.

Hilfe bei jeder Krankheit

Homöopathie (griechisch: ähnliches Leiden) ist eine eigenständige, umfassende Heilmethode, die bei jeder Krankheit angewendet werden kann. Anders als häufig geglaubt, beschränkt sich ihr Wirkungsbereich keineswegs auf nur weniger ernste Krankheitsfälle. Nachweisbare Erfolge, z.B. in der Krebstherapie, bei der Behandlung von Meningitis, Kolik oder Neurodermitis, sowie bei vielen psychisch bedingten Erkrankungen, belegen die Kraft, die in den homöopathischen Tropfen, Tabletten und Kügelchen (Globuli) steckt.

Maßgeschneiderte Medikation
Für die homöopathische Behandlung ist der Zustand des Patienten maßgebend, nicht der Name der Krankheit. Das individuelle Krankheitsbild entscheidet, welche Arznei gebraucht wird. Homöopathie ist deshalb maßgeschneiderte Therapie, keine Medizin von der Stange.

Das Immunsystem stärken
Die klassische homöopathische Behandlungsweise lässt dem Organismus die Freiheit, den Heilungsprozess im Sinne der Natur selbst zu gestalten. Die verabreichte Gabe zusätzlicher Energie hat keine steuernde, sondern lediglich eine stimulierende Funktion. Als besonders wertvoll wirkt sich dieses Verfahren auf das Immunsystem aus, das sich mit jeder Erkrankung stärken kann, was zur qualitativen Verbesserung der gesundheitlichen Verfassung beiträgt.

Homöopathie unterscheidet sich damit ganz wesentlich von der Allopathie (griechisch: anderes Leiden), die mit lenkenden Maßnahmen in das Krankheitsgeschehen eingreift. Schulmedizinische Medikamente und technisches Gerät übernehmen häufig wichtige Aufgaben des Immunsystems und lassen so die körpereigene Abwehr des Organismus untrainiert. Die Gefahr, dass die Beschwerden chronisch werden, nimmt dadurch zu.

Erkenntnisse aus der Physik
Schon in der Antike war das homöopathische Prinzip zur Behandlung von Krankheiten bekannt, was Aufzeichnungen des griechischen Arztes Hippokrates belegen. Mit den Erkenntnissen der modernen Physik lässt sich die Wirkungsweise der Homöopathie auch theoretisch unterbauen. Nach heutigen naturwissenschaftlichen Erkenntnissen sind die uns umgebenden und bestimmenden Phänomene nicht mehr rein materiell zu deuten, sondern vielmehr als Teil eines universalen, energetisch bedingten Prozesses.

Die drei Säulen der Homöopathie

Homöopathie basiert auf drei Grundregeln, die eng mit einander verbunden als Einheit zu verstehen sind.

1. Similia similibus curentur = Heile Ähnliches mit Ähnlichem

Dieses Prinzip besagt, dass im Krankheitsfall eine Arznei verschrieben wird, die beim Gesunden (Mensch/Tier) ähnliche Krankheitssymptome auslösen kann, wie der Kranke sie aufweist. Eine Arzneigabe zusätzlicher Energie kann ja nur dann unterstützend wirken, wenn sie den energetischen Bemühungen des Heilungsprozesses selbst ähnlich ist.

2. Arzneiprüfungen an Gesunden

Arzneiprüfungen an Gesunden zeigen, welche Symptome die getesteten Substanzen auslösen, also auch, bei welchen konkreten Beschwerden sie eingesetzt werden können. Hunderte dieser heilwirksamen Stoffe wurden im Laufe der Jahre so oft und so gründlich von Personen (und in einigen Fällen auch von Tieren) geprüft, dass ihr Anwendungsspektrum bis ins Detail bekannt ist. Die Prüfungsergebnisse aller getesteten Arzneien, auch Mittelbilder genannt, werden in der homöopathischen Materia medica festgehalten und dienen dem Homöopathen als Grundlage des Arzneistudiums.

3. Es werden nur kleinste potenzierte Dosen angewendet

Ein vielleicht verständlicher, aber immer wieder gemachter Fehler ist es, die Arzneien viel zu oft und in viel zu großen Gaben zu verabreichen. Die Wirkung homöopathischer Mittel ist, zumindest in den höheren Potenzstufen, rein energetischer Natur. Da reicht häufig schon eine einzige Dosis der richtig gewählten Arznei aus, um eine vollständige Heilung herbeizuführen.

Die Anamnese beim Hund

Da die energetische Aktivität des Organismus bis heute mit technischen Mitteln nicht messbar ist, kommt es auf die präzise Wertung der Symptome an, die einzig richtige, die wirklich heilende Arznei zu ermitteln. Beim menschlichen Patienten ist die persönliche Befragung das Kernstück der Anamneseerhebung. Beim Hund ist diese sprachliche Kontaktaufnahme nicht möglich, was natürlich ein gewisses Problem darstellt.

Für den Arzt und Apotheker Dr. Samuel Hahnemann, (1755 bis 1843), der die Homöopathie begründete, war dies allerdings kein unüberwindbares Hindernis. Ihm war schon bald bewusst geworden, dass seine neue Heilmethode nicht nur dem Menschen, sondern auch dem Tier von großem Nutzen sein könnte.

Hahnemanns Lektion

In strengem Ton dozierte er bei einem Vortrag in Leipzig: „Das müsste nur ein unerfahrener und stumpfsinniger Beobachter sein, welcher leugnen wollte, dass die Tiere nicht ebenso gut und ebenso gewiss die Symptome ihrer Krankheit anzeigten als die Menschen. Sie haben zwar keine Sprache, aber die Menge der bemerkbaren Veränderungen an ihrem Äußeren, an ihrem Benehmen und der Verrichtung der natürlichen, der tierischen und der Lebensfunktionen dient vollkommen statt der Sprache".

Hahnemann war ein Genie, der für die erfolgreiche Ausübung der hohen homöopathischen Medizinkunst nur ein Minimum an Informationen brauchte. Wir tun uns da heute schwerer, weil unser Verständnis von Kranksein und Gesundwerden stark an Sachlichkeit eingebußt hat und zunehmend emotional geprägt ist.

Dass Krankheiten notwendig sein können, weil sie eine warnende oder regulierende Funktion erfüllen, wird immer weniger zur Kenntnis genommen. Stattdessen glauben wir uns von Erregern umgeben, vor denen wir nur mit medikamentösen Schutz- und Abwehrmaßnahmen sicher sein können. Das macht uns zunehmend von Fremdhilfe abhängig, was die vollen Praxen mit unheilbaren Dauerpatienten zeigen.

Mittelbilder auf den Hund übertragen

Auch wenn uns ein Hund nicht sagen kann, ob seine Schmerzen stechend, brennend oder wandernd sind, was aus homöopathischer Sicht natürlich eine wichtige Information wäre, bleiben dennoch genügend Anhaltspunkte für eine verlässliche Diagnose übrig. Die Mittelbilder der meisten Arzneien enthalten nämlich eine Fülle an rein klinischen Symptomen, die sich, unter Berücksichtigung einiger anatomischer Eigenheiten des Hundes, gut auf das Tier übertragen lassen.

Wenn ein Tier mit der Pfote, die bei Hunden sehr gut durchblutet ist, zwischen die Tür gerät, kann angenommen werden, dass sich ein Bluterguss bildet. Blutungen im Bindegewebe verlangen fast immer *Arnica*, egal ob der Patient Mensch oder Hund ist.

Frisst sich ein Hund an allen möglichen Essensresten satt und hat er eine Stunde später Durchfall und Erbrechen, dann wird ihn *Nux vomica* wieder in Ordnung bringen. Im Mittelbild dieser Arznei heißt es: „Beschwerden durch Völlerei", und genau diese hat das Tier..

Oder noch ein Beispiel, wie die von Menschen geprüften Symptome ohne viel Mühe auf den Hund übertragen werden können. Der Hund muss vorübergehend ins Tierheim. Dort jammert er, frisst nicht mehr und magert ab. Hier darf es nicht schwer fallen, das Mittelbild von *Ignatia* zu erkennen, denn „Beschwerden durch Kummer" und „Abmagerung durch Kummer" sind zwei Leitsymptome dieser Arznei, die für Mensch und Tier in gleichem Maße zutreffen.

11

Die Herstellung der Arzneien

Homöopathische Mittel werden häufig als Verdünnungen abqualifiziert, aber diese Bezeichnung ist nicht korrekt. Nicht die Verdünnung an sich ist für ihre Wirksamkeit bestimmend, sondern eine aufwändige Prozedur von Verreiben, Verdünnen und Verschütteln. Erst dieses Dynamisieren oder Potenzieren lässt ein homöopathisch wirksames Heilmittel entstehen.

> **Info**
>
> **Lange Haltbarkeit**
> Homöopathische Arzneien sind keine reine Verdünnungen, sondern energetisch aufbereitete Substanzen. Bei Globuli und Tabletten wird Milchzucker als Träger des Wirkstoffes benutzt, bei Tropfen ist die arzneiliche Substanz in einem Alkohol-Wassergemisch aufgelöst, um sie haltbar zu machen. Werden die Arzneien keinen extremen Temperaturen und nicht zu viel Sonneneinstrahlung ausgesetzt, bleibt ihre Wirksamkeit viele Jahre lang erhalten.

Beim sehr arbeitsintensiven Prozess des Potenzierens werden dem Ausgangsstoff nach und nach die materiellen Bestandteile entzogen, während sich sein energetisches Potential gleichzeitig umso mehr verstärkt. So entwickelt sich aus einer Pflanze, einem Mineral oder Metall Stufe für Stufe ein immer kräftiger werdender Energieträger, der letztendlich dort, wo die Steuerung der Organfunktionen stattfindet, Einfluss nimmt.

Was bedeuten D-, C-, Q- oder LM-Potenzen?

Zur Herstellung wird der Ausgangsstoff zuerst verrieben und anschließend in einem Gemisch aus Wasser und Alkohol aufgelöst. So entsteht die so genannte Urtinktur einer Arznei.

Zur Herstellung der C-Potenzen wird nun ein Tropfen dieser Urtinktur in 99 Tropfen einer Wasser-Alkohollösung gegeben und mehrmals mit kräftigen Schüttelschlägen vermischt. So entsteht die Potenz C-1. Mischt man einen Tropfen der C-1 mit wiederum 99 Tropfen der Wasser-Alkohollösung und verschüttelt auch diese Mischung, entsteht eine C-2 usw. Wird nicht ein Mischverhältnis von 1:99, sondern von 1:9 eingehalten, spricht man von D-Potenzen. Bei den so genannten LM- oder Q-Potenzen liegt das Mischverhältnis bei 1:50.000.

Die homöopathische Behandlung in der Praxis

In der Homöopathie wird nicht nach Krankheitsbezeichnung oder Laborwerten behandelt, sondern der Gesamtzustand des Patienten bestimmt die Mittelwahl. Seine allgemeine Verfassung zeigt mit einer Vielzahl von Symptomen und individuellen Eigenheiten, wie sich der Patient in der Auseinandersetzung mit seiner Krankheit verhält. Dieses Verhalten will der Therapeut homöopathisch unterstützen, in Form einer passenden Dosis zusätzlicher Energie.

Weil es auf die richtige Deutung des Krankheitsgeschehens ankommt, um die jeweils heilende Arznei ermitteln zu können, verlangt die praktische Anwendung dieser Heilmethode vom Behandler ein hohes Maß an Objektivität und Flexibilität. Ein bestimmtes Mittel bei Arthritis, ein anderes bei Blasenentzündung und wieder ein anderes bei Ekzem gibt es in der Homöopathie nicht. Unter Umständen kann eine einzige homöopathische Arznei alle drei Krankheiten heilen, es können im Laufe einer langwierigen Behandlung aber auch zehn verschiedene gebraucht werden.

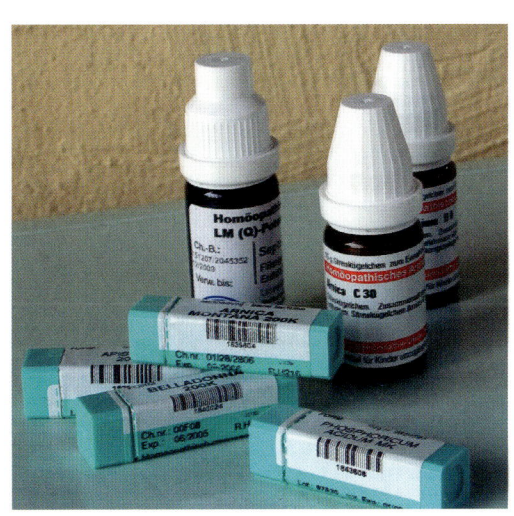

Homöopathisch aufbereitete Mittel sind Energieträger.

Das Tier als Patient

Bei der Therapie an Tieren macht uns die fehlende mündliche Information von Seiten des Patienten, trotz Hahnemanns Lektion, häufig doch sehr zu schaffen. Ein klares, eindeutiges Krankheitsbild wird uns selten geboten, meist stehen wir einer diffusen, mehrdeutigen Zusammensetzung von Symptomen gegenüber. Da wären einige verständlich „gebellte" Informationen des Hundes wahrlich sehr hilfreich.

Trotzdem darf uns dieses Hindernis nicht dazu verleiten, das homöopathische Prinzip in den Hintergrund zu stellen und die Arzneien aus Bequemlichkeit doch lieber nach der Benennung der Krankheit einzusetzen. Dem kranken Tier wird damit kein Gefallen getan, und es stellt den Therapeuten auch nicht zufrieden, denn die Ergebnisse solch eines undifferenzierten Verfahrens sind in der Regel sehr enttäuschend.

Info

Klassische Homöopathie oder Komplexmittelhomöopathie?
In der von Hahnemann gegründeten Homöopathie spielen Individualität und Ganzheitlichkeit eine überaus wichtige Rolle. Jeder Mensch, jedes Tier ist eine Einheit aus Geist, Seele und Körper – jeder Krankheitsfall ist einmalig.
Deshalb wird auch in der homöopathischen Behandlung die Einzigartigkeit jedes einzelnen Patienten in vollem Umfang berücksichtigt. Sämtliche Informationen zum physischen und psychischen Befinden werden bei der Anamnese zusammengetragen und schließlich nach dem Ähnlichkeitsprinzip ausgewertet.
Am Ende dieser oft mühseligen Arbeit steht eine homöopathische Arznei, die das Potential hat, die gesundheitliche Verfassung des Patienten radikal zu verbessern. Homöopathie nannte Hahnemann diese von ihm entdeckte und weiterentwickelte Art zu heilen.
Ihre praktischen Erfolge sorgten für eine weltweite Verbreitung.
Vor allem in England und Amerika entstanden viele homöopathischen Arztpraxen, sogar einige homöopathische Krankenhäuser öffneten ihre Pforten. Auch in Ländern wie Indien und Nepal fand die Homöopathie großen Zuspruch und bekam sogar einen gleichwertigen Platz neben der Ayurveda- und der Schulmedizin.
Im Westen nahm nach dem Zweiten Weltkrieg der Einfluss der Pharmaindustrie auf Lehrinstitute und Arztpraxen stark zu. Das Antibiotikum war entdeckt worden, die Euphorie, Krankheiten bald „besiegen" oder „ausrotten" zu können, war groß. Die Homöopathie wurde fast komplett vergessen.
Ein paar Jahrzehnte später kam die Ernüchterung. Einige Krankheiten waren tatsächlich verschwunden, andere aber, wie z. B. Aids, hinzugekommen. Außerdem gab es eine erschreckende Zunahme chronischer Erkrankungen, nicht nur unter Älteren, sondern auch bei Kindern und Jugendlichen.
Vor allem den Eltern wurde die fast standardmäßige Verschreibung von Antibiotika für ihre Kinder zunehmend suspekt. Viele von ihnen fanden in der Homöopathie eine gute medizinische Alternative, und die Erfolge dieser hier zu Lande überwiegend von Heilpraktikern ausgeübte Behandlungsform sorgten für ein schnell wachsendes Interesse.
Auf Drängen der Patienten machte sich nun auch unter Ärzten der Wunsch breit, Homöopathie anzubieten. Es gab aber mehrere Probleme. An den Universitäten wurde Homöopathie nicht gelehrt, und

auch heute gehört sie immer noch nicht zum offiziellen Medizinstudium. Nur die wenigsten konnten sich ein Zusatzstudium von einigen Jahren leisten.

Ein anderes Problem war der Zeitaufwand, der eine ordentliche homöopathische Anamnese mit sich bringt. Wo Praxishilfen und teure medizinische Geräte mitfinanziert werden müssen, ist keine Zeit für lange Patientengespräche von einer Stunde oder mehr.

Vor diesem Hintergrund entstand die so genannte „organotrope Homöopathie". Die homöopathische Grundregel der Ganzheitlichkeit wurde über Bord geworfen, die praktische Behandlung richtete sich, nach schulmedizinischem Muster, auf einzelne Organe. Allerdings nicht mit Chemie oder Tinkturen, sondern mit ganz leicht potenzierten Arzneien. So fühlte man sich berechtigt, dieses abgewandelte Verfahren ebenfalls als „Homöopathie" zu bezeichnen.

In einer anderen Variante wurde nicht nur auf die Ganzheitlichkeit, sondern auch noch auf die Individualität verzichtet. Man mischte einfach verschiedene, häufig verwendete Arzneien zusammen und verschrieb sie nach Krankheitsnamen. Auch hier gab es keine Hemmungen, sich mit fremden Federn zu schmücken und so wurde diese Erfindung der Öffentlichkeit stolz als „Komplexmittelhomöopathie" präsentiert.

Homöopathie wurde so leichter erlernbar, sagen die einen. Sie wurde verstümmelt, sagen Ärzte und Heilpraktiker, die diese Heilmethode weiterhin nach den bewährten Regeln und Prinzipien Hahnemanns ausüben. Um sich abzugrenzen, bezeichnen sie ihre Arbeit als „klassische Homöopathie".

Sich genügend Zeit lassen

Wollen wir die Möglichkeiten der Homöopathie effektiv nutzen, müssen wir uns vor allem genügend Zeit geben, das Krankheitsgeschehen auf uns einwirken zu lassen. Diese Zeit haben wir, denn nur selten ist eine Erkrankung lebensbedrohlich.

Schwierig zu beurteilen sind vor allem die schleichend verlaufenden Erkrankungen, wie Ekzeme, Rheumatismus oder Tumoren. Zu jeder dieser Krankheiten gibt es eine Vielzahl von Arzneien, die den Patienten heilen können – mit der Betonung auf können.

Klare Symptome – schnelle Mittelwahl
Ist die Lage sehr akut, lässt sich die richtige Arznei leichter finden, denn es werden genügend überzeugende Symptome vorhanden sein, um eine schnelle und adäquate Mittelwahl treffen zu können.

Ob eine Arznei auch tatsächlich heilen wird, hängt davon ab, in wie weit sich der Zustand des Patienten im Mittelbild zurückfindet.

Eine schlecht gewählte Arznei wird keine Wirkung zeigen, egal welche Potenz man nimmt. Eine Arznei, deren Mittelbild sich nah am Zustand des Patienten bewegt, verspricht Linderung, aber keine dauerhafte Heilung. Nur jene Arznei, die im Frequenzbereich des Selbstheilungsprozesses wirklich Einfluss nehmen kann, wird den Patienten tatsächlich heilen.

Modalitäten nutzen

Zur homöopathischen Behandlung eines Falles kommen also meist mehrere Arzneien in Betracht. Zum Einstieg in die Mittelwahl sind deren wichtigsten Leitsymptome im Kapitel „Krankheiten und Beschwerden" jeweils in Kurzform beschrieben.

Manchmal aber werden sie feststellen, dass keine der vorgeschlagenen Arzneien dem Zustand des Hundes so wirklich entspricht. Das sind die schwierigeren Fälle, wo erst einmal weiter geforscht werden soll, um dem kranken Tier nähere Informationen zu entlocken.

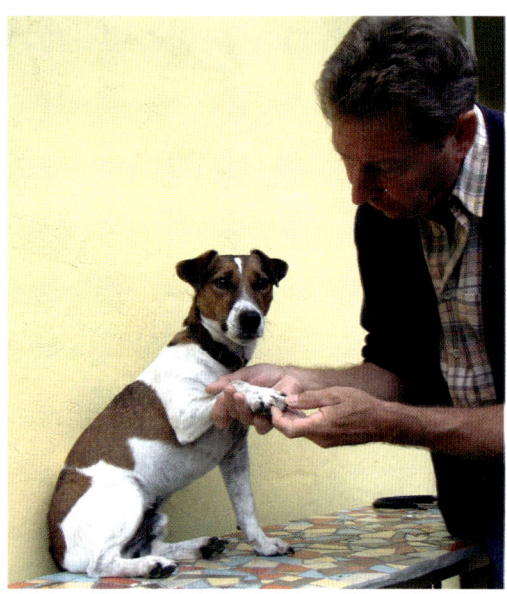

*Der Hund lässt sich an der verletzten Stelle ohne Weiteres berühren – das schließt **Arnica** als Mittel aus.*

Hier können die so genannten Modalitäten wertvolle Hilfe leisten. Sie betreffen Begleiterscheinungen und besondere Empfindlichkeiten, die den Fall individualisieren und große Aussagekraft haben.

Auf Signale achten

Dazu ein Beispiel: Ihr Hund hat sich die Pfote verstaucht und lahmt. Eines der Hauptmittel bei Verstauchungen ist *Arnica*. Zu den auffallenden Modalitäten dieser Arznei gehört die Furcht vor Berührung der verletzten Stelle. Bei der Untersuchung jedoch stellen Sie fest, dass es dem Tier nichts auszumachen scheint, wenn Sie seine Pfote anfassen. In diesem Moment muss die Alarmglocke läuten und Ihnen klar sein, dass *Arnica* in diesem Fall nicht die wirklich heilende Arznei sein kann. Die Modalität fordert Sie auf, weiter zu suchen, um vielleicht bei *Rhus toxicodendron* oder *Bryonia* anzukommen.

Eine Liste charakteristischer Merkmale vieler Arzneien finden Sie im Kapitel „Arzneien und ihre Modalitäten" ab Seite 91.

Konstitutionelle Mittel

Neben den Modalitäten können auch die Beschreibungen der konstitutionell wirkenden Arzneien die Mittelfindung erleichtern. Es betrifft Arzneien, die einen sehr breiten Wirkungsbereich haben und deshalb bei einer Vielzahl von Erkrankungen und Beschwerden helfen können. Kann der Hund einem bestimmten Konstitutionsmittel zugeordnet werden, ist es vor allem bei chronischen Beschwerden häufig besser, dieses zu verabreichen, als ein mehr lokal wirkendes Akutmittel. Die entsprechenden Beschreibungen finden sie im Kapitel „Konstitutionstypen".

Welche Potenz ist die Richtige?

Für die praktische homöopathische Behandlung ist die Wahl des zu verabreichenden Arzneimittels entscheidend, die Potenzstärke dagegen erst einmal von untergeordneter Wichtigkeit. Die häufig gehörte Behauptung, bei klinischen Beschwerden wirken D-Potenzen am besten, ist so nicht richtig. In den meisten Ländern der Welt gibt es diese gar nicht und es wird, durchaus erfolgreich, ausschließlich mit C-Potenzen gearbeitet.

Es gibt namhafte Homöopathen, die bei einem klaren Krankheitsbild auch in rein klinischen Fällen sehr hohe Potenzen wie C-1000 oder C-10.000 verschreiben. Sie argumentieren, dass die passende Arznei in hoher Potenz gegeben, eine schnellere Heilung bewirkt, als eine niedrige.

Diese Auffassung halte ich für nachvollziehbar, denn gelingt es dem Patienten, ausgeprägte Symptome zu produzieren, muss sein Immunsystem schon eine beachtliche energetische Leistung vorgelegt haben. Hier mit sehr niedrigen Potenzen zu behandeln, wäre, als liefe man dem Genesungsprozess, energetisch gesehen, gewissermaßen hinterher.

Das dynamische Potential nutzen

Die Verbreitung der D-Potenzen, ein überwiegend deutsches Phänomen, ist nicht zuletzt auf ein hartnäckiges, unterschwelliges Misstrauen gegenüber der Homöopathie zurück zu führen. „Da ist wenigstens noch was drin", sagen manche Skeptiker dazu.

Tatsächlich sind in den Potenzstufen bis D-24 oder C-12 noch molekularen Reste des Ausgangsstoffes nachweisbar. Die tiefgreifendsten und überzeugendsten Heilungen jedoch werden mit Potenzstufen erzielt, die weit darüber liegen. Ist da die Schlussfolgerung nicht logisch, dass nicht die Chemie des Stoffes für die Heilwirkung verantwortlich ist, sondern sein dynamisches Potential?

17

Info

Gute Noten für Homöopathie
Über kaum eine alternative Heilmethode wird so heftig gestritten wie über die Homöopathie, und doch findet sie immer mehr Anhänger. Während die Kritiker ihre Erfolge auf den Placeboeffekt zurückführen, hält die Homöopathie mehr und mehr Einzug in Universitätskliniken und wird wissenschaftlich untersucht – mit überraschend positiven Ergebnissen.
Ärzte des Sozialmedizinischen Instituts der Berliner Charité führten zwei Jahre lang eine bundesweite Studie mit 500 Patienten und deren Ärzten durch. Das Resultat: Im Vergleich zur Schulmedizin schnitt die Homöopathie mindestens gleich gut ab, teils sogar besser. Bei über der Hälfte der Befragten besserten sich die Beschwerden durch die Anwendung homöopathischer Mittel. (Hippokrates, ZDF-Arte, 12.8.2005)

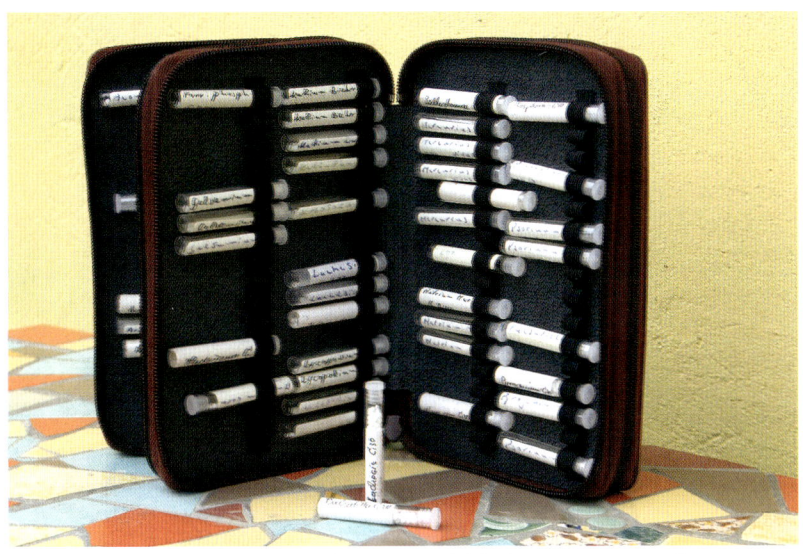

Homöopathische Hausapotheken gibt es im Handel fertig zusammengestellt.

Verschiedene Hausapotheken

Da bei der Behandlung eines Hundes, auch bei sorgfältiger Anamnese, häufig doch die letzte Gewissheit über die Richtigkeit des gewählten Mittels fehlt, werden die Arzneien in nicht zu hoher Potenz verabreicht. In der praktischen Veterinärmedizin wird bei lokalen Beschwerden gerne mit D-6 Potenzen gearbeitet, die in vielen Fällen gute Dienste erweisen. Ich selbst bevorzuge die C-12, weil sie dem Genesungsprozess deutlich mehr

Dynamik verleiht. Fertig zusammengestellte homöopathische Hausapotheken gibt es in beiden Potenzstufen im Handel.

Die Behandlung tiefer liegender Störungen, wie z.B. Ängstlichkeit, Reisekrankheit oder Heimweh verlangt stärker wirkenden Potenzen, wie D-200, C-30 oder C-200. Da ein falsch gewähltes Mittel bei empfindlichen Patienten schwerwiegende Prüfungssymptome auslösen kann, sollte die Anwendung dieser Potenzstufen in Absprache mit einem erfahrenen Homöopathen erfolgen.

Dosierung und Einnahme

Zur Behandlung gilt, wenn keine anderen Angaben gemacht werden, dann die C-12 als empfohlene Potenz verwenden. Die Arzneien können in der Apotheke bezogen werden; meist als Globuli, die süß schmecken und von den meisten Hunden problemlos eingenommen werden. Eine Gabe besteht aus 3 Globuli. Da eine homöopathische Wirkung vom energetischen Impuls ausgeht, spielen Größe oder Körpergewicht des Hundes bei der Dosierung keine Rolle.

Potenzieren Sie die Arznei vor jeder Einnahme leicht, indem Sie das Arzneifläschchen einige Male kräftig in die Hand schlagen. Öffnen Sie dem Hund das Maul und schütten Sie die Globuli auf die Zunge. Mag Ihr Hund diese Variante nicht, können Sie die Kügelchen auch in die Lefze geben, oder die Globuli auf einer angefeuchteten Fingerkuppe auf das Zahnfleisch streichen.

Bei Besserung keine weiteren Gaben

Sind die Beschwerden akut, geben Sie Ihrem Hund jede halbe Stunde eine Gabe. Bei weniger akutem Verlauf reichen zweistündlich, bei chronischem Verlauf einmal täglich eine Gabe aus. Tritt eine deutliche Besserung ein, sollten die Gaben seltener und keinesfalls „zur Sicherheit" weitergegeben werden, denn auf unnötigen Gaben kann der Patient mit Prüfungssymptomen reagieren. Zeigt sich innerhalb weniger Stunden keine Wirkung, wurde eine falsche Arznei gewählt und dürfen keine weiteren Gaben erfolgen.

Info

Dosierung und Verabreichung
- Potenzstärke C-12, wenn keine anderen Angaben
- Arzneifläschchen vor Einnahme kräftig in die Hand schlagen
- Pro Gabe 3 Globuli
- Akut: alle halbe Stunde eine Gabe
- Weniger akut: alle zwei Stunden eine Gabe
- Chronisch: einmal täglich eine Gabe
- Bei Abklingen der Beschwerden sollten die Gaben seltener verabreicht werden.

Für die exakte Mittelwahl sind auffällige Symptome richtungweisend.

Krankheiten und Beschwerden

In diesem Kapitel sind zu einer Vielzahl an Krankheiten und Beschwerden die am häufigsten benötigten Arzneien aufgeführt. In kurzen Beschreibungen werden die Leitsymptome der jeweiligen Arzneien aufgeführt, die für die Mittelwahl bestimmend sind. Manchmal passen auf Anhieb alle Symptome genau zum Mittelbild und Sie können dem Hund seine Arznei ohne zu zögern verabreichen.

Es kommt aber auch vor, dass eine klare Mittelbestimmung anfangs gar nicht möglich ist. Zwar sprechen einige Symptome für eine bestimmte Arznei, andere jedoch eher dagegen. In diesen Fällen ist es für den Therapeuten ratsam, die Symptome zu hierarchisieren und sich von den ungewöhnlichen, merkwürdigen Symptomen leiten zu lassen.

Info

Wie Modalitäten helfen können

Man sieht es seinem Hund an, dass es ihm nicht gut geht, aber ein klares Krankheitsbild fehlt. Achten Sie in solchen Fällen genau auf Veränderungen im gewohnten Verhalten.

Mein Hund Franz, ein kräftig gebauter, schwarzer, immer sehr präsenter Riesenschnauzermischling, hatte Phasen, in denen ihm nichts schmeckte, sein Fell stumpf war und er Schmerzen hatte, die aber nicht klar zu lokalisieren waren. Ich wusste anfangs nicht, was ich ihm geben sollte. Dann fiel mir eines Tages auf, dass er sich, wenn ihm nicht wohl war, immer eine kühle Stelle suchte. Normalerweise fühlte er sich auf seiner Decke immer am wohlsten. Das lies mich an *Pulsatilla* denken, weil eine wichtige Modalität dieser Arznei die Besserung an einem kühlen Ort ist. Und tatsächlich, *Pulsatilla* tat ihm richtig gut, mehrmals, bis zu seinem Lebensende in stattlichem Alter.

Nachfühlen was los ist

Beobachten Sie den Hund objektiv. Versuchen Sie nachzufühlen, was ihn am meisten hindert, welches Symptom am deutlichsten im Vordergrund steht. Reduzieren Sie so die Zahl der in Frage kommenden Arzneien. Sehen Sie dann bei den Modalitäten (ab Seite 91) nach, und wählen Sie die Arznei, deren Eigenheiten dem Zustand des Tieres am meisten entsprechen.

Sollte nicht eine, sondern zwei oder drei Arzneien übrig bleiben, die alle viel versprechend, aber nicht zu hundert Prozent passend erscheinen, geben Sie die Mittel im Wechsel. Das ist zwar nicht die hohe homöopathische Kunst, aber in Ausnahmefällen kann ein derartiges Vorgehen unumgänglich sein, um dem Hund helfen zu können.

Eine Wirkung sollte bei akuten Erkrankungen rasch, das heißt innerhalb weniger Stunden, erkennbar sein. Bleibt eine Reaktion auf die Mittelgabe aus, wurde nicht die richtige Arznei gewählt und muss der Fall noch einmal neu überdacht werden.

Keine Experimente

Homöopathie ist ein medizinisches Fachgebiet, dessen Beherrschung ein jahrelanges Studium erfordert. Es muss deshalb klar sein, dass ein Ratgeber die Möglichkeiten dieser besonderen Heilmethode nur in groben Umrissen zeigen kann.

Bleibt also bei einer eventuellen Selbstbehandlung, trotz ernsthafter Bemühungen, ein positives Resultat aus, ist das wirklich keine Schande. Gehen Sie davon aus, dass der Fall zu kompliziert ist, oder Sie ihn nicht richtig beurteilt haben.

Experimentieren Sie in diesem Fall nicht weiter, sondern vereinbaren Sie einen Termin bei einem erfahrenen Homöopathen. Er oder sie wird Ihnen gern weiterhelfen.

Erkrankungen der Augen

Auch die Augen eines Hundes können, wie beim Menschen, in unterschiedlichster Weise erkranken. Neben Entzündungen sind Stoffwechselprobleme, Verletzungen oder das fortschreitende Alter des Tieres häufige Ursachen.

Bindehautentzündung

Die sichtbaren Zeichen einer Bindehautentzündung (*Konjunktivitis*) sind Rötung und Tränenfluss. Erkältung, Pollen, Zugluft oder Staub können die Erkrankung auslösen.

Treten die Beschwerden nur einseitig auf, ist meist eine Autofahrt bei offenem Fenster schuld.

Apis ist ein Hauptmittel bei allergisch bedingter Bindehautentzündung, mit stark geschwollenen Lidern, aber ohne auffallende Rötung. Kalte Anwendungen wirken lindernd.

Euphrasia wird bei stark geröteten und geschwollenen Bindehäuten verwendet. Der Tränenfluss ist heiß, scharf und wund machend. Zur äußeren Behandlung eignen sich Augenspülungen mit einer *Euphrasia*-Lösung. Dazu werden 10 Tropfen der *Euphrasia*-Tinktur auf ein halbes Glas lauwarmer Kochsalzlösung (1 Esslöffel Salz auf 1 Liter Wasser) gegeben.

Allium cepa sollte gegeben werden, wenn der Tränenfluss mild ist, also die Augen nicht besonders gerötet sind.

Pulsatilla sollte im späteren Verlauf der Entzündung gegeben werden, wenn sich dickflüssige Absonderungen von gelber oder gelbgrüner Farbe bilden.

> **Follikulare Konjunktivitis**
> Neben der normalen, akuten Bindehautentzündung gibt es auch die
> so genannte *follikulare Konjunktivitis,* von der vor allem Terrier-Rassen
> häufig betroffen sind. Bei dieser Erkrankung bilden sich an der Innen-
> seite der Nickhaut (drittes Augenlid) kleine Bläschen, die durch
> Reiben die Hornhaut reizen. Hier kann *Argentum nitricum,* zweimal
> täglich eine Gabe C-12, helfen.
> Das Problem sollte nach maximal zehn Tagen gelöst sein, sonst müs-
> sen die Follikel operativ entfernt werden, weil sie sonst die Hornhaut
> irreparabel schädigen können.

Hornhauttrübung

Durch Raufen oder Schlägen von Ästen können Verletzungen entstehen,
die eine Trübung der Hornhaut zur Folge haben. Die Hornhautoberfläche
bekommt ein milchiges Aussehen, wird undurchsichtig, grau und glanzlos.

Euphrasia ist das Hauptmittel bei Hornhauttrübung durch Verletzungen –
einmal täglich eine Gabe C-12. Es empfiehlt sich, das Auge zusätzlich
lokal mit *Euphrasia*-Tinktur oder *Euphrasia*-Salbe zu behandeln.

Tränenfluss

Ist keine Verletzung oder Erkrankung erkennbar und tränen die Augen
trotzdem andauernd, ist wahrscheinlich eine Verengung des Tränen-
Nasenkanals die Ursache. Diese kann die Spätfolge einer Erkältung oder
konstitutionell bedingt sein.

Silicea ist das Hauptmittel bei dieser Beschwerde – einmal täglich eine
Gabe C-12.
Rhus toxicodendron sollte für die Fälle, wo eine verschleppte Erkältung als
Ursache vermutet werden kann, verwendet werden.
Pulsatilla anwenden, wenn *Silicea* keine Besserung bringt und das konsti-
tutionelle Mittelbild (Seite 79) passt.
Natrium muriaticum bei Tieren dieses Konstitutionstyps (Seite 75) an-
wenden; sie haben häufig eine Veranlagung zu chronischem Tränen-
fluss.

Gerstenkorn

Das Gerstenkorn ist ein kleiner Abszess im Bereich der Lidranddrüsen.
Auch beim Hund entsteht manchmal ein solches Knötchen, das mit
Staphisagria (zweimal täglich eine Gabe C-12) behandelt wird. Scheint das
Eiterpünktchen besonders schmerzhaft zu sein, ist *Hepar sulfuris* das Mit-
tel der Wahl.

Erkrankungen der Ohren

Wenn der Hund unruhig ist, ständig den Kopf schüttelt oder das Ohr kratzt, liegt meistens eine Entzündung des äußeren Gehörgangs vor. Vor allem Hunderassen mit stark hängenden Ohren sind für diese Erkrankung anfällig. Die Beschwerden sind meist von starken Schmerzen begleitet.

Ursachen gibt es mehrere. Fremdkörper wie Pollen oder Grannen können in den Gehörgang geraten sein, die Entzündung kann durch Bakterien, Milben oder Pilze ausgelöst werden, eine Stoffwechselstörung ist möglich und auch eine Überproduktion von Ohrenschmalz, das sich zersetzt hat, führt in einigen Fällen zu entzündlichen Beschwerden.

Gehörgangentzündung

Ist nur eines der beiden Ohren betroffen, hält der Hund den Kopf schief und ist unruhig. Die linksseitige Gehörgangsentzündung deutet auf eine Störung im Hormonhaushalt hin. Diese kann z. B. als Folge einer Hormonkur gegen Läufigkeit auftreten. Ist die rechte Seite betroffen, liegen sehr wahrscheinlich chronische Darmprobleme vor, die mit einer Futterumstellung weitgehend zu beheben sind.

Bei einer Entzündung des Gehörgangs wird in leichten Fällen reichlich braunes Ohrenschmalz abgesondert. Man reinigt den Gehörgang gründlich mit Watte und tröpfelt anschließend einige Tropfen *Calendula*-Tinktur hinein und massiert das Ohr, damit sich die Tinktur gut verteilt – dreimal täglich anwenden.

Belladonna ist das Mittel bei akuter Entzündung. Das Ohr ist rot und heiß.
Lycopodium bei rechtsseitiger Entzündung des Gehörgangs anwenden.
Lachesis wird bei linksseitigen Beschwerden gegeben.

Ist die Entzündung besonders schmerzhaft und wird ein flüssiges, eitriges und stinkendes Sekret abgesondert, kann anfangs kaum eine ordentliche Reinigung der Ohren gelingen. Hier muss erst eine der folgenden Arzneien für etwas Entspannung sorgen:
Belladonna im ersten Entzündungsstadium anwenden, bei Rötung und Hitze der Ohren.
Hepar sulfuris, wenn der Patient extrem empfindlich auf Berührung reagiert. Wärme bessert die Beschwerden. Wenn Eiter fließt, ist dieser meist käsig, dick und gelb.
Mercurius bei sehr übel riechenden eitrigen Absonderungen anwenden, eventuell mit Blutbeimischungen. Die Überempfindlichkeit von *Hepar sulfuris* ist bei diesem Mittel nicht vorhanden.

Mittelohrentzündung

Bei einer Mittelohrentzündung fehlen häufig äußere Erkennungszeichen
24 wie Rötung oder Hitze. Fehlt dem Hund aber der Appetit, besteht Fie-

ber und hält er den Kopf schief, ist meist das Mittelohr betroffen.

Belladonna sollte zu Beginn der Behandlung gegeben werden, wenn die Beschwerden plötzlich und heftig in Erscheinung treten.

Calcium carbonicum wird gegeben, wenn der Hund gut auf *Belladonna* reagiert und die Beschwerden zum Abklingen gebracht hat.

Calcium carbonicum als Folgemittel bewirkt dann eine rasche und vollständige Abheilung. Diese Arznei wird auch gegeben, wenn die Entzündung eher einen chronischen Charakter hat, mit Eiterausfluss, aber keine starken Schmerzen aufweist.

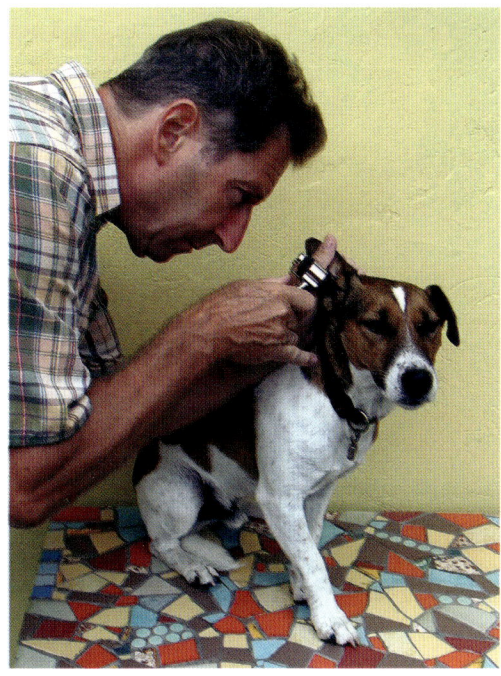

Vor allem Hunderassen mit hängenden Ohren sind für Gehörgangserkrankungen anfällig.

Hepar sulfuris im akuten Stadium anwenden, wenn sehr starke Schmerzen bestehen und der Hund übermäßig berührungsempfindlich ist. Es fördert die Eiterbildung und -austreibung.

Pulsatilla ist das Mittel der Wahl, wenn *Belladonna* im akuten Stadium nicht rasch zur Besserung führt. Es wird auch gebraucht, wenn nach der Anfangsphase ein dickflüssiger, schleimiger, eitriger Ausfluss besteht und die Beschwerden offensichtlich nicht besonders schmerzhaft sind.

Maul- und Zahnbeschwerden

Hundewelpen kommen zahnlos zur Welt und bekommen nach drei bis vier Wochen die ersten von insgesamt 28 Milchzähnen. Das bleibende Gebiss fängt mit drei Monaten an zu wachsen und ist mit 42 Zähnen nach sieben Monaten komplett.

Einige Zahnprobleme lassen sich, wenn keine spezifische Anfälligkeit besteht, auf einfache Weise vorbeugen. Gewöhnen Sie dem jungen Hund **25** ab, sich Steine als Spielzeug zu suchen. Geben Sie ihm lieber einen Ball oder Tauknoten. Kauknochen oder spezielle Hundekuchen helfen dem Hund, seine Zähne zu reinigen und das Zahnfleisch zu festigen. Fangen Sie schon im Welpenalter an, regelmäßig das Maul des Hundes zu kontrollieren. So bleiben Sie über den Zustand des Gebisses informiert und der Hund lässt eine eventuell benötigte Zahnpflege oder Zahnbehandlung problemloser über sich ergehen.

Zahnung

Kommen die Zähne nicht richtig durch oder verursachen sie Beschwerden, können einige Arzneien helfen.

Aconitum bei plötzlich und heftig einsetzenden, akuten Zahnungsschmerzen anwenden. Das Zahnfleisch ist heiß und entzündet, die Zunge weiß belegt. Das Tier macht ständig Kaubewegungen und wirkt ängstlich.

Calcium carbonicum bei schwieriger und/oder langsamer Zahnung von Welpen mit molliger Figur anwenden. Es sind gemütlich wirkende, etwas träge Tiere, die sich auch mal alleine beschäftigen können.

Calcium phosphoricum ist ebenfalls eine wichtige Arznei, wenn die Zahnung langsam oder schwierig verläuft. Die Tiere neigen zu überschnellem Körperwachstum und entwickeln deshalb ein schwaches, feingliedriges Skelett. Die Zahnungsprobleme sind meist von Durchfall und starker Gasbildung begleitet.

Chamomilla wird bei Zahnungsschmerzen gegeben, die von einer ausgeprägten Reizbarkeit und Überempfindlichkeit begleitet sind. Wenn der Hund herumgetragen wird, geht es ihm besser. Häufig besteht gleichzeitiger Durchfall, der wässrig ist, eine spinatgrüne Farbe hat und faulig riecht.

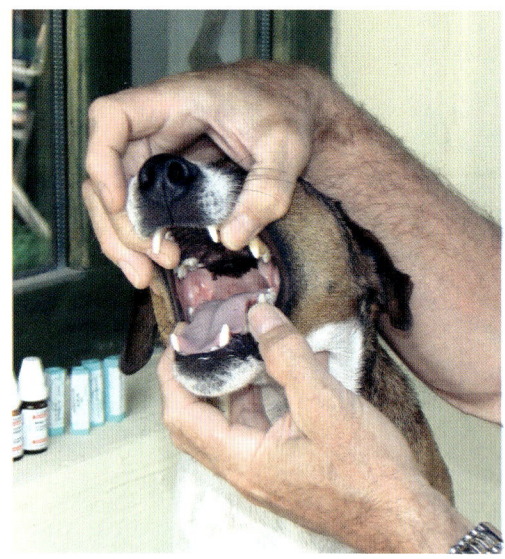

Schon im Welpenalter sollte ein Hund an eine regelmäßige Zahnkontrolle gewöhnt werden.

Silicea bei Zahnungsbeschwerden anwenden, die von starkem Speichelfluss begleitet sind.

Karies

Diese Erkrankung, bei der die harten Zahnsubstanzen zerfallen, kommt bei Hunden relativ selten vor. Die Erfahrung zeigt, dass nur 3 bis 4 Prozent der Hunde Karies haben, während das bei Menschen bei über 90 Prozent der Fall ist.

Karies tritt bei Hunden fast immer an den Reiß- und Backenzähnen des Oberkiefers auf – an Stellen, wo die Zahnschmelzschicht, die bei Hunden generell sehr dünn ist, verletzt wurde. Die am häufigsten von Karies betroffenen Hunde sind Terrier.

Calcium fluoratum ist eine Arznei, welche die Bildung von Zahnschmelz anregen kann. Einmal täglich eine Gabe C-12.

Kreosotum bei Zähnen geben, die schon bald nach dem Durchkommen zu faulen anfangen.

Staphisagria anwenden, wenn die Zähne schwarz werden und dunkle Streifen bis ins Innere zeigen. Der Verfall betrifft überwiegend die Zahnkanten.

Parodontitis

Die Entzündung des Zahnhalteapparats, auch als Parodontitis bezeichnet, ist die weitaus häufigste Erkrankung bei Hunden. Sowohl die Milchzähne, als auch die bleibenden Zähne können betroffen sein. Schon im Alter von zwei Jahren weisen 4 von 5 Hunden eine beginnende Parodontitis auf.

Ursache sind Plaquebakterien, die Reaktionen auslösen. Normalerweise verursachen Bakterien in der Mundhöhle keine Probleme, doch, setzen sich Beläge (Plaque) auf den Zähnen fest, führen die Stoffwechselprodukte der Bakterien häufig zu ernsten Beschwerden. Das Zahnfleisch löst sich vom Zahn, schädliche Stoffe können tiefer eindringen und der Organismus wehrt sich in Form einer Entzündung. Wird nun nicht richtig behandelt, zieht sich das Zahnfleisch zurück, Zahnkronen und Wurzeln werden angegriffen und letztendlich auch der Kieferknochen. Eine ordentliche Zahnpflege, mit Zähneputzen zuhause und Zahnsteinentfernung beim Tierarzt, ist deshalb eine wirklich sinnvolle Investition.

Es gibt verschiedene Symptome, die auf eine Parodontitis hinweisen. Das Zahnfleisch ist gerötet oder blutet und an den Zähnen sind Plaque und Zahnstein sichtbar. Der Hund hat einen üblen Mundgeruch und er will sich wegen Schmerzen im Kieferbereich nicht mehr an den Kopf fassen lassen. Es besteht Nasenausfluss, weil die Zahnwurzeln nahe an der Nasenhöhle liegen.

Die Behandlung einer Parodontitis sollte tierärztlich erfolgen. Es kann ein operativer Eingriff notwendig sein, um das Eindringen der Bakterien in die Blutbahn und eine lebensbedrohliche Sepsis zu verhindern.

Einige homöopathische Arzneien können bei Zahnfleischablösungen hilfreich sein:

Carbo vegetabilis wird verabreicht, wenn das Zahnfleisch zurückgezogen, wund, eitrig und leicht blutend ist. Die Zähne sind locker und sehr empfindlich an den Kauflächen. Im Maul bilden sich bläuliche oder schwärzliche Geschwüre. Die Zunge ist geschwollen und weiß, oder mit gelbbraunem Schleim überzogen.

Kalium phosphoricum anwenden, wenn das Zahnfleisch schwammig aufgelockert ist und die Zunge braun, wie mit Senf belegt ist – es besteht ein übler, aashafter Maulgeruch. Das Maul ist außerordentlich trocken.

Kreosotum ist das Mittel, wenn die schwarz gefleckten Zähne besonders rasch zerfallen. Das Zahnfleisch ist aufgedunsen, bläulich, schwammig und blutet leicht. Es besteht ein sehr fauliger Maulgeruch.

Mercurius wird angewendet, wenn der Hund einen sehr starken Speichelfluss hat, der häufig eine leicht gelbe Farbe aufweist und besonders übel riecht. Das Zahnfleisch blutet schnell, ist schmerzhaft, schwammig und sieht an manchen Stellen aus, als wäre es angefressen. Die Zunge ist geschwollen, gelb belegt und an den Rändern sind Zahnabdrücke deutlich sichtbar.

Silicea bei schmerzlosen Zahnfleischgeschwüren und Abszessen der Zahnwurzeln geben. Die Zähne sind besonders empfindlich gegen kaltes Wasser.

Lockerheit der Zähne

Wenn Zähne faul sind und sich lockern, müssen sie gezogen werden. Im manchen Fällen jedoch, überwiegend bei älteren Tieren, können auch gesunde Zähne lose werden. Hier kann eine Behandlung mit *Mercurius* (vier Wochen lang einmal täglich eine Gabe C-12) den Zahn wieder festigen.

Zahnbehandlung

Musste sich der Hund einen operativen Eingriff unterziehen lassen, braucht er unmittelbar danach einige Gaben *Arnica*, um das verletzte Gewebe im Maul und Kiefer wieder rasch zu heilen. In den ersten 3 Stunden nach der Operation alle halbe Stunde eine Gabe C-12, danach seltener. Bleiben Schmerzen bestehen, sollte die Behandlung mit *Hypericum* (dreimal täglich eine Gabe C-12) fortgesetzt werden, weil wahrscheinlich das Nervengewebe betroffen ist.

Erkrankungen der Atemwege

Die Atemwege eines Hundes können in vielerlei Weise gesundheitliche Probleme bereiten. Infektionen sind die häufigste Ursache für Atemwegserkrankungen, aber auch Unfälle, Fremdkörper oder Allergien gehören zu den auslösenden Ursachen.

Ein ständig trockener und rissiger Nasenschwamm deutet meistens auf eine Störung im Natrium-Haushalt hin.

Nasenschwamm

Die Nase ist das wichtigste Orientierungsorgan eines Hundes und deren Spitze, der Nasenschwamm oder Nasenspiegel, ist beim gesunden Hund sauber und feucht. Ein ständig trockener und rissiger Nasenschwamm deutet meistens auf eine Störung im Natrium-Haushalt hin und wird mit *Natrium muriaticum* einmal täglich mit einer Gabe C-12 behandelt. Bei älteren weiblichen Tieren wirkt *Sepia* häufig besser. Diese Arznei ist auch angezeigt bei Pigmentierungsstörungen, wenn die Farbe des Nasen-schwamms im Laufe des Jahres ab und zu wechselt.

Nasenbluten

Nasenbluten durch Prellung wird mit *Arnica* behandelt und zur Verringe-rung der Blutzufuhr wird ein kalter Umschlag auf den Nacken gelegt.

Besteht eine Anfälligkeit für Nasenbluten, ohne dass eine Verletzung vorliegt, sollte bei „Konstitutionstypen" ein tief wirkendes Mittel gesucht **29** werden. *Calcium carbonicum*, *Phosphorus*, *Pulsatilla* gehören zu den Mitteln, bei denen eine Veranlagung zu Nasenbluten besteht.

Infektionen

Sind durch eine Erkältung oder Grippe die Schleimhäute der oberen Luftwege betroffen, kommt es zu Niesen, Schnupfen, Augentränen und Schluckbeschwerden. Wird die Erkrankung rechtzeitig erkannt und mit der richtigen homöopathischen Arznei behandelt, kann meist ein Übergreifen auf die unteren Atemwege verhindert werden.

Ist das Immunsystem schwach und werden Bronchien und Lungen sofort in Mitleidenschaft gezogen, sind Fieber, Husten und Schleimrasseln die wichtigsten Symptome. Das allgemeine Verhalten des Hundes bei akuten Infektionen ist geprägt von Mattigkeit, Appetitlosigkeit und Fieber.

Schnupfen

Bei akutem Schupfen wird entweder *Allium cepa* oder *Euphrasia* gewählt. Beide Arzneien haben fast das gleiche Symptombild, mit wässrigem Ausfluss, Verschlimmerung im warmen Zimmer und Besserung im Freien. Der „normale" Schnupfen reagiert meist gut auf *Allium cepa*. Überwiegt der Tränenfluss, der die Augen stark rötet, ist *Euphrasia* die bessere Wahl.

Ist der akute Schnupfen von einem schleimigen, gelbgrünen Ausfluss begleitet, wird *Pulsatilla* gegeben. Bei chronischem Schnupfen, mit eitrigem, zähem Nasenschleim, ist *Kalium bichromicum* häufig eine gute Alternative.

Halsentzündung

Eine akute Halsentzündung beim Hund erkennt man an plötzlich auftretenden Schluckbeschwerden und übermäßiger Speichelbildung. Es kann zu Erbrechen kommen, weil die geschwollenen Mandeln den Hals einengen und Würgen auslösen. Fasst man den Hals an, zeigt der Hund Schmerzen. Er gähnt häufig und hustet.

Unterstützend zur homöopathischen Behandlung und wohltuend für den Hund ist ein kalter Umschlag. Dazu wird ein in kaltes Wasser getränktes Geschirrtuch für etwa eine Stunde um den Hals gelegt und mit einem wollenen Schal fixiert.

Belladonna ist sinnvoll für das erste Stadium der Erkrankung, wenn die Symptome plötzlich und heftig in Erscheinung treten. Alle halbe Stunde eine Gabe kann die Erkrankung zur Heilung bringen. Bei Besserung der Beschwerden die Gaben verringern.

Hepar sulfuris anwenden, wenn von *Belladonna* keine oder nicht genügend Wirkung ausgeht. Ist der Halsbereich übermäßig empfindlich und scheint der Husten besonders schmerzhaft zu sein, wird diese Arznei gegeben.

Lachesis ist ebenfalls eine Alternative, wenn die Schwellungen im Halsbereich zu Erstickungserscheinungen führen.

Kehlkopfentzündung

Auslösende Ursache einer Laryngitis ist nicht selten übermäßiges Ziehen an der Leine, was zu starken Irritationen führt. Auch Kälte oder ständiges Bellen können der Grund für die wiederkehrenden, trockenen, manchmal asthmatischen Hustenattacken sein, die auf eine Kehlkopfentzündung hinweisen.

Aconitum bei plötzlichem Auftreten der Beschwerden anwenden, meist nach Kälteeinwirkung, wie z. B. eisiger Wind oder das Fressen von Eis oder Schnee. Diese Arznei ist nur für das Anfangsstadium geeignet, nicht für schon länger bestehenden Husten.

Drosera ist angezeigt, wenn der Husten in Folge einer Erkältung auftritt. Es ist meist ein anfallsartiger Krampfhusten mit Verschlimmerung nach Mitternacht. Auch Wärme verschlimmert, im Freien geht es dem Hund besser.

Hepar sulfuris kann helfen, wenn der Husten übermäßig schmerzhaft ist und sich der Hund am Hals kaum berühren lässt.

Rumex ist das Mittel der Wahl, wenn das Einatmen kalter Luft zur Verschlimmerung führt.

Spongia bei Verschlimmerung durch Aufregung und in der Nacht anwenden. Essen oder Trinken und Wärme lindern den Husten.

Bronchitis

Ursache der Bronchitis ist meist eine Erkältung. Die Schleimhäute der Bronchien entzünden sich und schwellen an, was zu Kurzatmigkeit und Husten führt. Zu Anfang der Erkrankung ist der Husten trocken, im weiteren Verlauf löst sich der Schleim nach und nach und der Husten wird deshalb lockerer. Die Arzneien sind hier dem Krankheitsverlauf entsprechend aufgeführt.

Aconitum im allerersten Stadium der Entzündung anwenden, wenn der trockene Husten beginnt. Oft ist eisiger Wind Auslöser der Erkrankung. Der Hund hat Fieber, fühlt sich aber trocken an.

Belladonna kann auch zu Beginn der Erkrankung gegeben werden. Der fiebrige Hund schwitzt und hechelt.

Bryonia anwenden, wenn die Schleimhäute äußerst trocken sind, was zu Schmerzen beim Husten führt. Bewegung verschlimmert und deshalb liegt der Hund am liebsten still. Es besteht großer Durst. Im warmen Zimmer verschlimmert sich der Husten.

Antimonium tartaricum und *Ipecacuanha* alle 3 Stunden abwechselnd bei gelockertem Husten und Schleimrasseln geben. Der Hund kann Schwierigkeiten haben, den Schleim hoch zu bringen und abzuschlucken, was zu Krampfhusten führt.

Sulphur ist das Mittel zur Nachbehandlung, wenn die Krankheitsbeschwerden abgeklungen sind – einmal eine Gabe C-30.

Erkrankungen der Verdauungsorgane

Die deutlichsten Symptome einer akuten Magen-Darmerkrankung sind Appetitlosigkeit, Erbrechen, Durchfall oder Verstopfung. Im schwerwiegenden Fall eines Darmverschlusses fehlt der Kotabsatz komplett.

Die Ursache solcher Erkrankungen kann in der Nahrung liegen, die vielleicht verdorben oder giftig war. Auch Organstörungen und Infektionen sind häufig Auslöser und einigen grundsätzlich nervösen Tieren schlägt schon geringfügiger Stress oder Aufregung auf Magen und Darm.

Als gute begleitende Maßnahme sollten Sie den Hund eine Weile fasten lassen. Ist sein Zustand sehr schlecht, kann er mit gelegentlichen Reissuppen wieder gestärkt werden. Fett oder Milch sind Tabu. Zum Trinken einen leichten schwarzen Tee oder Kamillentee hinstellen.

Wie immer führen bei der homöopathischen Behandlung die Symptome, die am auffälligsten sind, also am meisten im Vordergrund stehen, zur Arznei. Verbessert sich der Zustand des Hundes deutlich, soll zunächst auf weitere Gaben verzichtet werden. Erst wenn sich der Zustand verändert und neue Symptome in den Vordergrund dringen, ist auch eine neue Arznei zu wählen. Es können manchmal mehrere Arzneiwechsel nötig sein, um einen Fall zur vollständigen Heilung zu bringen.

Erbrechen

Dass sich ein Hund öfters mal übergibt, gehört zur natürlichen Selbstreinigung. Behandelt sollte erst dann werden, wenn das Erbrechen nicht aufhört. Öfter ist eine Ursache erkennbar, die als Hinweis für die Mittelwahl gelten kann.

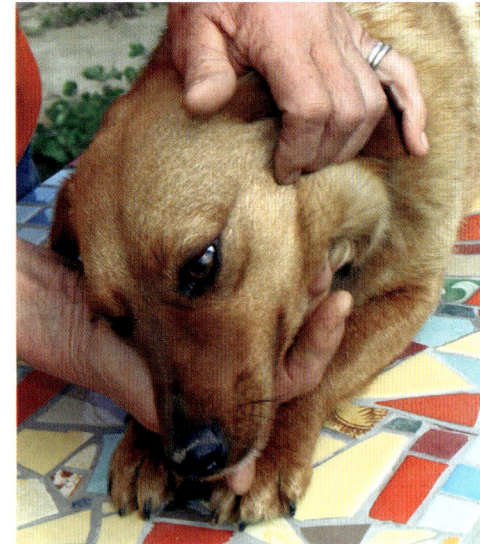

Arnica anwenden bei Erbrechen als Folge einer Gehirnerschütterung, z. B. nach einem Unfall.

Bryonia bei Erbrechen von Galle am Morgen geben. Der Hund ist meistens sehr durstig.

Erbricht sich ein Hund, muss er aufgerichtet werden, damit das Erbrochene nicht in die Luftröhre kommt, sonst droht Erstickungsgefahr!

32

Cocculus anwenden, wenn das Fahren im Auto, Bus oder Zug nicht vertragen wird und Übelkeit und Erbrechen auslöst.

Ipecacuanha ist das Hauptmittel bei lang anhaltendem Erbrechen, häufig verursacht durch eine Entzündung der Magenschleimhaut. Futter wird kurz nach der Aufnahme unverdaut erbrochen oder der Hund spuckt weißen Schaum.

Kreosotum bei Erbrechen von unverdauten Futterresten, einige Stunden nach dem Fressen geben.

Nux vomica anwenden bei Erbrechen nach übermäßigen Fressen oder nach der Einnahme von Medikamenten. Der Magen ist aufgetrieben und es scheint dem Tier schwer zu fallen, den Mageninhalt vollständig zu erbrechen.

Diarrhö

Akute Erkrankungen des Darmes treten oft nach dem Verzehr verdorbener Nahrungsmittel auf, wie es freilaufenden Hunden manchmal passiert. Auch starke Abkühlung, zu kaltes Futter oder Trinken kann den Darm schädigen und zu Durchfall führen. Die homöopathische Mittelwahl ist meistens nicht leicht, denn es sind viele Wahlentscheidenden Details zu beachten.

Arsenicum album bei akutem Durchfall durch Vergiftungen mit verdorbenen Nahrungsmitteln oder durch Kälteeinwirkung anwenden. Die Erkrankung schwächt das Tier sehr, es magert rasch ab und ist erschöpft. Der Stuhl stinkt und wird in kleinen Mengen häufig abgesetzt. Der Hund hat Durst, trinkt aber immer nur ein paar Schlucke auf einmal. Er friert und hat ein starkes Bedürfnis nach Wärme.

Calcium carbonicum bei Durchfall durch den Verzehr von Milch geben.

Chininum arsenicosum anwenden bei sehr erschöpfendem, schwächendem Durchfall, wenn *Arsenicum album* keine Wirkung zeigt.

Dulcamara verabreichen, wenn Durchnässung, Abkühlung oder Erkältung der Auslöser des Durchfalls sind.

Podophyllum bei wässrigem, faulig stinkendem Stuhl anwenden, der geräuschvoll und mit Kraft aus dem After spritzt.

Pulsatilla bei schleimigen Durchfällen geben; Durchfall nach Fett oder Obst.

Sulphur anwenden bei chronischem oder nur morgens auftretendem Durchfall. Sind die Beschwerden chronisch, sollte zweimal wöchentlich C-30 verabreicht werden.

Verstopfung

Zu wenig Bewegung oder falsche Ernährung sind die häufigsten Ursachen einer Verstopfung. Beide sind im Prinzip leicht zu beheben. Bleiben die Beschwerden trotz Änderung der Lebensweise weiterhin bestehen, ist es ratsam, den Hund tierärztlich untersuchen zu lassen, denn es kann auch **33** eine schwerwiegende Krankheit vorliegen. Für die Verstopfung gibt es einige wirksame homöopathische Arzneien:

Alumina anwenden, wenn fast kein Stuhldrang besteht. Erst wenn sich eine große Kotmenge im Rektum angesammelt hat, kann unter großer Anstrengung etwas Stuhl abgesetzt werden. Meist sind es harte, trockene Kügelchen, mit Schleim überzogen.

Ignatia geben, wenn seelischer Stress, Schreck oder Heimweh zur Verstopfung führt. In diesen Fällen eine Gabe C-30 oder C-200.

Nux vomica ist ein wichtiges Mittel für Darmbeschwerden, die auf übermäßige oder unpassende Fütterung zurückzuführen sind. Es besteht zwar Stuhldrang, aber der Hund ist nicht oder kaum im Stande, sich zu entleeren.

Opium bei Verstopfung anwenden, wenn fast keine Darmtätigkeit erkennbar ist. Hören Sie den Darm dazu ab, indem sie Ihr Ohr an die Bauchwand legen, denn es könnte ein lebensbedrohlicher Darmverschluss vorliegen.

Diabetes mellitus

Auch bei Hunden kommt diese Erkrankung der Bauchspeicheldrüse vor. Das Tier trinkt besonders viel und scheidet auch große Mengen Urin aus. Ob tatsächlich eine Diabeteserkrankung vorliegt, kann nur der Tierarzt abklären. Bevor zu Insulinspritzen übergegangen werden muss, ist eine Behandlung mit einer der folgenden Arzneien auf jeden Fall einen Versuch wert.

Natrium sulfuricum ist bei häufiger Ausscheidung von Urin, mit einem gelbfarbenen Sediment, anzuwenden – täglich eine Gabe C-12, eine Woche lang.

Uranium nitricum bei häufigem Wasserlassen geben. Die Blasenregion ist schmerzhaft, vor allem abends. Der Urin ist stark gefärbt. Täglich einmal C-12, eine Woche lang.

Syzygium ist eine Pflanze, die in Indien heimisch ist. Die Kerne der essbaren Früchte werden pulverisiert und dort gegen Diabetes, dreimal täglich etwa 300 mg, eingenommen. Niedrige homöopathische Potenzen dieser Arznei haben auch gute Erfolge gebracht – D-6 zweimal täglich, oder C-12 einmal täglich eine Gabe.

Appetitstörungen

Dass ein kranker Hund kein Futter zu sich nehmen mag, ist verständlich und diese vorübergehende Enthaltsamkeit trägt meist auch wesentlich zur Genesung bei. Wenn der Hund immer schlecht frisst und einfach nichts mag, besteht eventuell eine Störung in der Leberfunktion, im Eisen- oder Kalkhaushalt. Bestimmte Vorlieben liefern wichtige Hinweise für die ho-

34 möopathische Mittelwahl.

Acidum nitricum ist bei Gier auf Kalk, Bleistifte, Erde, Lehm, Kreide anzuwenden.

Alumina geben, wenn das gleiche Verhalten wie bei *Acidum nitricum* auftritt, häufig begleitet von hartnäckiger Verstopfung.

Calcium carbonicum bei Jungtieren mit Gier auf Unverdauliches wie Kalk, Sand oder Steine anwenden. Unverträglichkeit von Milch und Verlangen nach rohen Kartoffeln und Eiern.

Calcium phosphoricum bei Gier auf Holz und Papier, besonders auf Papiertaschentücher geben.

Chininum arsenicosum ist bei geringem, sehr wechselhaftem Appetit anzuwenden.

Lycopodium ist das Mittel, wenn der Hund Appetit hat, was er bei der Futterzubereitung deutlich zeigt, aber schon nach einigen Bissen nicht mehr fressen mag. Dieses Verhalten deutet auf einen unterschwelligen Leberschaden hin.

Natrium muriaticum anwenden, wenn der Hund Haare frisst.

Abmagerung

Krankheit und Kummer führen häufig zu Appetitverlust und folglich auch zu Abmagerung. Die Arzneien sind in den entsprechenden Rubriken nachzulesen. Es gibt aber auch Fälle, wo genug Appetit vorhanden ist, das Tier jedoch trotzdem abnimmt.

Abrotanum bei Heißhunger mit Abmagerung anwenden, vor allem bei jungen Hunden. Die Speisen passieren den Darm unverdaut.

Jodum verabreichen, wenn eine Störung der Schilddrüsenfunktion vorliegt. Trotz guten Appetits magert der Hund ab.

Barium carbonicum bei Abmagerung bei alten Hunden anwenden.

Natrium muriaticum ist das Mittel, wenn Hunde dieses Konstitutionstyps (Seite 75) stark abmagern, vor allem in jungem Alter.

Hepatitis

Beeinträchtigungen der Leberfunktion kommen bei Hunden regelmäßig vor. Häufig sind es aufgenommene Gifte, die zu mehr oder weniger ernsten Schädigungen führen, doch auch Infektionen können typische Beschwerden wie Schwäche, Appetitlosigkeit, Erbrechen und Durchfall auslösen.

Bei einer akuten Leberentzündung (Hepatitis) ist die Lebergegend, im hinteren unteren Brustkorbbereich, besonders druckempfindlich. Der Urin ist sehr dunkel, der Hund macht einen abgeschlagenen Eindruck und kratzt sich häufig. Die Hepatitis kann von einer Gelbsucht begleitet sein, aber das ist nicht immer der Fall.

Phosphorus ist das wichtigste Mittel bei akuter Hepatitis – dreimal täglich eine Gabe C-12. Bei Besserung die Behandlung abschließen mit einer Gabe C-200.

Chelidonium als Alternative zu *Phosphorus* anwenden und auf jeden Fall, wenn sich die Beschwerden nachts zwischen 2 und 3 Uhr und nachmittags zwischen 14 und 15 Uhr verschlechtern.

Afterjucken

Rutscht der Hund häufig mit dem After über den Boden, kann das ein Zeichen für Wurmbefall sein. Häufig aber sind bei diesem Verhalten die Ausgänge der Analdrüsen verstopft und das übelriechende Sekret (die Duftmarke des Tieres) muss ausgedrückt werden. Passiert das nicht, können sich die Drüsen entzünden, was nicht selten zur Abszessbildung führt. Für die entsprechenden Arzneien siehe dort.

Acidum nitricum anwenden, wenn Brennen und Jucken am After besteht. Die Haut im Afterbereich ist rissig und neigt zu Blutungen, häufig entstehen Ekzeme.

Calcium sulfuricum ist das Mittel bei chronischen eitrigen Prozessen um den After herum. Es wird ein dickes, gelbes, schleimiges Sekret ausgeschieden.

Graphites anwenden bei Brennen und Jucken am After bei fettleibigen Tieren; Afterekzeme. Der Anus ist vorgewölbt, die Haut rissig. Die Ausscheidungen an wunden Stellen sind klebrig, honigartig.

Petroleum sollte bei sehr schmerzhaften Ekzeme mit Rissen im Afterbereich verabreicht werden. Die Haut ist trocken, springt auf, blutet schnell.

Staphisagria anwenden bei nässenden und juckenden Ekzemen bei nervösen, reizbaren Hunden.

Thuja bei Jucken und Brennen am After geben. Die Analdrüsen sind geschwollen, und es bilden sich Wucherungen im Afterbereich, die leicht bluten und ein übelriechendes Sekret absondern.

Herz- und Kreislauferkrankungen

Es gibt zwei Hauptursachen für Herz- und Kreislaufbeschwerden, nämlich das Nachlassen der Herztätigkeit, vor allem bei älteren Tieren und Schock,

Die Unterversorgung mit Blut führt zur Blaufärbung von Zunge und Zahnfleisch.

überwiegend als Folge eines Unfalls.

Bei einem generellen Rückgang der Herzleistung liegt meist eine Herzvergrößerung vor. Hitze verträgt der Hund dann schlecht und macht ihn schnell müde. In schweren Fällen schnauft und hechelt er schon bei geringer Anstrengung. Er hustet häufig, vor allem morgens, weil sich durch die zu geringe Leistung des Herzens Flüssigkeit in der Lunge ansammelt, die abgehustet werden muss.

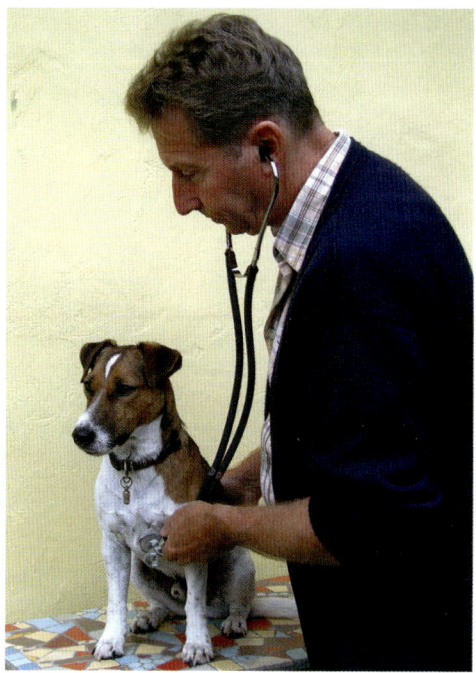

Bei Herz-Kreislauferkrankungen muss der Tierarzt oder -heilpraktiker aufgesucht werden.

Crataegus ist der Weißdorn und gilt als hervorragendes Herztonikum bei herzschwachen Tieren. Die Arznei sollte als Urtinktur, 5 bis 10 Tropfen dreimal täglich, verabreicht werden. Man kann *Crataegus* in Abwechslung mit *Cactus grandiflorus*-Tinktur geben, die eine ähnliche Wirkung auf die Herztätigkeit hat.

Digitalis bei sehr schwachem, langsamem Puls anwenden. Die Unterversorgung mit Blut führt zur Blaufärbung von Zunge und Zahnfleisch – C-12 einmal täglich.

Bei akuten Beschwerden, z. B. nach einem Unfall oder Hitzschlag, wenn der Kreislauf kollabiert, werden andere Arzneien gebraucht. Um keine kostbare Zeit zu verlieren, sollten sie gewechselt werden, wenn nicht nach kurzer Zeit eine Besserung auftritt.

Arnica nach einem Unfall anwenden, wenn massive innere Blutungen zum Kollaps führen.

Camphora in der Urtinktur auf die Zunge geben, 2 Tropfen alle 5 Minuten, wirkt sofort bei Ohnmacht und Kollaps.

China bei großer Schwäche oder Kollaps nach Flüssigkeitsverlust, wie Blutungen/Durchfall geben.

Veratrum album anwenden, wenn rapides Absinken der Lebenskraft und völlige Entkräftung eintritt. Das Tier fühlt sich eiskalt an.

37

Erkrankungen der Harnorgane

Zusammen mit der Leber haben die Harnorgane eine wichtige Entgiftungsfunktion, denn sie sind für die Entfernung wasserlöslicher Schlacken aus dem Blut zuständig. Über die Nieren wird der gesamte Wasser-, Elektrolyt-, und Säure-Basenhaushalt geregelt.

Blasenentzündung

Von Blasenentzündungen sind sowohl Rüden als auch Hündinnen betroffen. Hündinnen größerer Rassen haben eine relativ kurze Harnröhre, was sie anfälliger macht. Bei jungen Hündinnen führt eine aufsteigende Scheidenentzündung öfter zu Problemen. Die häufigsten Ursachen einer akuten Blasenentzündung (Cystitis) sind Erkältung, wenn der Hund z.B. zu lange auf kaltem Boden lag, oder Durchnässung.

Eine Blasenentzündung beim Hund sollten Sie vom Tierarzt untersuchen lassen, denn eine Verschleppung oder falsche Behandlung kann zu ernsten Schädigungen im Nierenbereich führen. Die Symptome einer akuten Cystitis sind Fieber, trüber oder blutiger Urin, ständiger Harndrang.

Pulsatilla ist die am häufigsten gebrauchte Arznei bei akuter Blasenentzündung, vor allem wenn es Hündinnen betrifft.

Cantharis anwenden, wenn vor allem der Blasenhals betroffen ist. Es besteht ständiger Harndrang, aber es kommen nur ein paar Tropfen auf einmal, die mit Blut durchmischt sind. Das Tier hat heftige Schmerzen beim Urinabgang.

Dulcamara bei Blasenbeschwerden als Folge von Durchnässung oder Erkältung verabreichen.

Staphisagria anwenden bei Blasenentzündung, die nach dem ersten Decken auftritt.

Inkontinenz

Der unwillkürliche Abgang von Urin kann altersbedingt sein, aber auch in Folge eines Traumas oder durch psychische Belastung auftreten.

Arnica bei Blasenschwäche mit unfreiwilligem Urinabgang nach Unfall oder Operation anwenden.

Causticum bei Inkontinenz älterer Tieren geben – zweimal wöchentlich eine Gabe C-30.

Gelsemium bei Inkontinenz bei Erregung verabreichen, vor allem bei ängstlichen oder nervösen jungen Hunden – zweimal wöchentlich C-30.

Hamamelis anwenden, wenn sich durch kleinere innere Gefäßverletzungen Blut im Urin befindet, z.B. nach einem Unfall oder Schlag in den Unterleib.

Petroselinum bei spastischen Blasenlähmungen mit plötzlichem Abgang von Urin geben. Die Ursache kann eine Blasenentzündung sein oder eine Überdehnung der Blasenwand, wenn der Hund gezwungen war, den Harn zu lange einzubehalten.

Sepia bei Harninkontinenz älterer Hündinnen verwenden, oder nach Kastration – zweimal wöchentlich C-30.

Staphisagria bei Inkontinenz und Härnträufeln nach einer Operation anwenden.

Nierenentzündung

Eine Entzündung des Nierenapparats ist eine schwerwiegende Erkrankung, die auf jeden Fall von einem Tierarzt abgeklärt werden soll. Die ersten Symptome sind Appetitlosigkeit, Frösteln, Zittern und der Hund macht einen sehr abgeschlagenen Eindruck. Dann fällt auf, dass er den Rücken krümmt und sich in steifem Gang bewegt. Druck auf die Nieren, im hinteren Rückenbereich, ist schmerzhaft und der nur spärlich fließende Urin ist dunkel, trübe und kann Blut enthalten. Trinken möchte der Hund kaum oder gar nicht.

Apis ist das erste Mittel der Wahl bei akuter Nierenentzündung – alle viertel Stunde eine Gabe C-12.

Cantharis ist eine gute Alternative, wenn *Apis* nicht nach kurzer Zeit eine deutliche Besserung bringen sollte.

Erkrankungen des Bewegungsapparats

Schwierigkeiten beim Gehen oder Lähmungserscheinungen sind die wichtigsten Zeichen einer Erkrankung des Bewegungsapparats. Diese entstehen meist durch Unfälle beim Toben oder im Straßenverkehr. Aber auch Wachstumsstörungen und degenerative Veränderungen bereiten dem Hund häufig Probleme. Die Behandlung einiger akuter Beschwerden an Knochen und Gelenken finden Sie im Kapitel „Erste Hilfe".

Arthritis

Gelenkentzündungen entstehen durch Überlastung, durch Infektion, oder als Folge einer Verletzung. Der Hund lahmt, er hat Schmerzen und deshalb ist Ruhigstellung oberstes Gebot. Zur homöopathischen Behandlung kann eines der folgenden Mittel verwendet werden.

Belladonna ist für das Anfangsstadium gut geeignet, bei plötzlich und heftig auftretender Schwellung und Rötung. Das betroffene Gelenk fühlt sich bei Berührung sehr warm an.

Bryonia anwenden, wenn das betroffene Gelenk geschwollen ist und schon bei der geringsten Bewegung schmerzt. Weil Druck die Schmerzen lindert, legt sich der Hund auf die verletzte Stelle. Es besteht großer Durst, wobei mit längeren Zwischenpausen jeweils viel auf einmal getrunken wird.

Rhus toxicodendron sollte gegeben werden, wenn sich die Beschwerden in Ruhe verschlimmern. Der Hund versucht deshalb aufzustehen, was anfänglich Schmerzen verursacht, die sich aber nach einigen Schritten zu bessern scheinen.

Ruta anwenden, wenn *Rhus toxicodendron* keine Wirkung zeigt, aber die gleichen Modalitäten vorhanden sind: schlimmer durch Ruhe und besser durch Bewegung.

Arthrose und Rheumatismus

Die degenerative Veränderung der Gelenke oder Muskeln entsteht hauptsächlich durch Überbeanspruchung, oder sie ist Folge einer Verletzung. Der Hund hat Schwierigkeiten und Schmerzen beim Aufstehen, aber wenn er einmal in Bewegung ist, geht es ihm meist ein Stück besser.

Bryonia hat einen deutlichen Einfluss auf die Muskeln und vor allem auf die Gelenke. Fester Druck lindert die Beschwerden, deshalb legt sich der Hund gerne auf die betroffene Stelle. In der Wärme nehmen die Schmerzen zu, während kühle frische Luft dem Tier gut tut.

Calcium phosphoricum sollte angewendet werden, wenn nach Gelenkverletzungen, die eigentlich schon längst abgeheilt sein müssten, immer noch Schmerzen bestehen. Die rheumatischen Beschwerden verschlimmern sich durch Zugluft und kaltes feuchtes Wetter und bessern sich in der Wärme.

Colchicum bei Stoffwechselbedingten rheumatischen Beschwerden anwenden, vor allem in den kleinen Gelenken der Pfoten. Häufig bestehen entzündliche Schwellungen. Bewegung, Berührung und Kälte verschlimmern, Wärme bessert in den meisten Fällen.

Formica rufa bei plötzlich auftretenden rheumatischen Schmerzen geben. Nasskaltes Wetter verschlimmert, Wärme, Druck und Reiben wirken lindernd.

Rhus toxicodendron ist eines der Hauptmittel zur Behandlung von Beschwerden, wo Bindegewebe, Muskeln und Bänder betroffen sind. Die charakteristischen Modalitäten dieser Arznei sind Verschlimmerung zu Beginn der Bewegung und Besserung bei fortgesetzter Bewegung. Außerdem verschlimmern Kälte und Nässe und dem Patienten geht es durch Wärme und Reiben besser.

Lähmung

Von einer Lähmung beim Hund ist hauptsächlich die Hinterhand betroffen. Die Lähmung kann als Folge eines Unfalls auftreten, häufig sind auch Bandscheibenprobleme oder Verknöcherungen der Wirbelsäule die Ursache.

Arnica bei Lähmung durch Schlag, Stoß oder Prellung anwenden.

Causticum verwenden, wenn von der Lähmung nur eine Seite, meistens die rechte, betroffen ist. Der Krankheitsverlauf ist schleichend, Ursache ist häufig Nässe, Kälte oder Zugluft.

Dulcamara anwenden, wenn feuchte Durchnässung oder Kälte die Lähmungsbeschwerden ausgelöst hat.

Gelsemium sollte bei Lähmungserscheinungen durch Erschöpfung gegeben werden.

Hypericum wird verabreicht, wenn der Rücken sehr berührungsempfindlich ist. Es können Nerven betroffen sein.

Nux vomica ist ein wichtiges Mittel bei Lähmung durch Bandscheibenvorfall. Vor allem Teckel sind anfällig für diese Krankheit, die meist zwischen dem 5. und 7. Lebensjahr auftritt. Die Muskeln der Hinterhand sind völlig verspannt, jede Bewegung löst Schmerzen

Große Hunde erleiden im Alter häufig Bandscheibenprobleme, eine Lähmung der Hinterhand kann die Folge sein.

aus. Diese Arznei wird auch gegeben, wenn Verknöcherungen im Wirbelsäulenbereich zur Lähmung führen. Von dieser Erkrankung sind ältere Schäferhunde häufig betroffen. *Nux vomica*-Beschwerden treten fast immer plötzlich in Erscheinung.

Rhus toxicodendron bei Lähmung nach Durchnässung oder Liegen auf feuchtkaltem Boden anwenden. Die Beschwerden bessern sich bei fortgesetzter Bewegung.

Torticollis/Schiefhals

Manchmal ist die Koordination der Muskulatur im Nackenbereich gestört und der Hund hält seinen Kopf krampfhaft in einer Richtung gezogen. Man spricht dann von Schiefhals oder Torticollis.

Lachnanthes ist eines der wichtigsten Mittel bei dieser Erkrankung. Meist ist der Kopf nach rechts gezogen.

Lycopodium ist eine der Alternativen, sowohl bei nach rechts, als auch nach links gezogenem Kopf.

Phosphorus überwiegend bei einem nach rechts ausgerichteten Schiefhals anwenden.

Haut- und Fellerkrankungen

Wie beim Menschen ist auch beim Hund die Haut das größte Organ. Sie schützt das unterliegende Gewebe vor Hitze und Kälte, chemischen Schäden und dem Eindringen von Bakterien. Sie regelt den Wärmehaushalt und hat eine wichtige Ventilfunktion zur Ausscheidung von Gift- und Entschlackungsstoffen. Es wundert deshalb nicht, dass sich an diesem komplizierten Organ eine Vielzahl von Krankheiten und Beschwerden manifestieren kann.

Abszess
Hierbei handelt es sich um einen infektiösen Prozess mit Eiteransammlungen im Gewebe, die häufig sehr schmerzhaft sind. Unterstützend zum homöopathischen Mittel sind Umschläge oder Bäder mit *Calendula*-Tinktur besonders wohltuend.

Hepar sulfuris bei akuter Eiterung, zur Förderung der Eiterbildung und Reifung des Abszesses anwenden. Die betroffene Stelle ist hochgradig berührungsempfindlich. Es bestehen klassische Entzündungszeichen, wie Wärme und Rötung. Die Körpertemperatur ist häufig erhöht. *Hepar sulfuris* trägt zur spontanen Eröffnung und Durchbruch des Eiters bei.

Myristica sebifera wird auch „homöopathisches Skalpell" genannt. Es wird verabreicht, wenn sich der Durchbruch des Eiters verzögert. Der Zustand des Hundes zeigt sich weniger akut als bei *Hepar sulfuris*.

Silicea wird als einmalige Gabe in der C-30 Potent zur Abrundung der Behandlung gegeben, wenn sich die akute Phase entspannt hat. Diese Arznei trägt zur narbenfreien Ausheilung bei und verhindert eine mögliche Fistelbildung.

Allergie
Es gibt mehrere Auslöser für allergische Beschwerden, von denen kurzhaarige Rassen besonders betroffen sind. Insektenstiche oder Flohbisse führen häufig zu plötzlich auftretenden Quaddeln und Rötungen, aber auch Kälte, Pollen und Gräser oder Stoffwechselstörungen können Grund für eine Allergie sein.

Apis bei Nesselsucht, mit ödematösen Schwellungen und hellroter Hautverfärbung anwenden. Insektenstiche sind meist Auslöser der Beschwerden. Kaltes Wasser oder kaltes Baden wirkt besonders lindernd.

Rhus toxicodendron bei Kontaktallergie durch Pollen oder Gräser geben. Es bestehen feine Bläschen, die heftig brennen und jucken.

Urtica urens ebenfalls bei Nesselsucht verabreichen, aber die Schwellungen und die Hautröte sind weniger auffallend als bei *Apis*.

Ekzeme

Wörtlich aus dem Griechischen übersetzt, ist ein Ekzem ein durch Hitze herausgetriebener Ausschlag. Diese Ventilfunktion braucht der Organismus um sich zu reinigen und sich von giftigen Substanzen zu befreien. Jede Form von Ausschlag beruht auf dieser lebenswichtigen Tätigkeit unserer Haut. Therapeutische Maßnahmen, die dieses Heraustreiben unterdrücken und verhindern, können der Gesundheit des Hundes ernsthaft schaden.

Das Ekzem, trocken oder nässend, ist eine nicht ansteckende, stark juckende Hautkrankheit. Eine reinigende Fastenkur mit anschließender Futterumstellung (siehe Seite 83) bringt häufig in

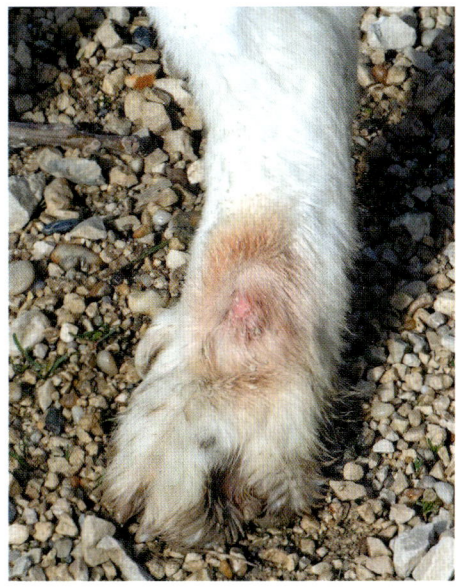

Bei juckenden Ekzemen stillen Umschläge mit Calendula-Tinktur den Juckreiz.

kurzer Zeit eine vollständige Heilung herbei. Lokal wirken *Calendula*-Salbe oder Juckreiz stillende Umschläge. Die richtige homöopathische Arznei zu finden, ist bei Hautausschlägen grundsätzlich kompliziert, aber es haben sich folgende Arzneien mehrfach bewährt!

Graphites ist am besten geeignet für ältere, gutmütige, fettleibige Hunde. Die Haut ist trocken, rau und sondert ein klebriges, honigartiges Sekret ab, besonders in den Hautfalten.

Lycopodium bei trockenen Ekzemen anwenden, die in Folge einer gestörten Leberfunktion entstehen. Wechselhafter Appetit, der schon nach einigen Bissen vergeht, deutet auf eine derartige Störung hin.

Mercurius solubilis bei nässenden, meist großflächigen und stark geröteten Ekzemen geben. Die Absonderungen sind gelblich, übel riechend, die Haut ist geschwürig und bildet Krusten.

Natrium muriaticum bei nässenden Ekzemen durch einseitige Fütterung mit qualitativ minderwertigem Fertigfutter verabreichen (vor allem bei Dosenkost werden häufig ungeeignete Zusatzstoffe beigemischt, die den Mineralstoffwechsel beeinträchtigen). Oder bei Exemen junger **43**

Hunde, nachdem sie von der Mutter weggingen. Sie lassen sich nicht gerne streicheln, weil die Haut sehr schmerzempfindlich ist. Haarausfall und Ekzeme in Achselhöhlen und Gelenkbeugen. Es besteht ein großes Bedürfnis nach körperlicher Wärme.

Psorinum bei nässenden, übel riechenden Ekzemen und besonders starkem Juckreiz geben. Häufig tritt gleichzeitig ein stinkender Ohrenausfluss mit eitrig-braunem Sekret auf.

Rhus toxicodendron anwenden, wenn feine, intensiv juckende Bläschen mit Hautrötungen bestehen. Sie sind meist trocken, können aber durch Kratzen aufgehen und nässen. Die Ausschläge treten häufig im Genitalbereich auf. Wasser verschlimmert die Beschwerden.

Sulphur ist eine der wichtigsten Arzneien bei Hautkrankheiten. Die Ausschläge sind trocken, schuppig und jucken stark. Die Hundehaut ist heiß und das Tier kratzt sich, bis es blutet. An den Körperöffnungen, wie Augen, Ohren, Nase oder After, bestehen rissige Hautrötungen. Der Eigengeruch des Hundes ist intensiv, Haut und Fell sind fettig und schmutzig.

Juckreiz

Sollten Parasiten, wie Flöhe, Läuse oder Milben den Juckreiz auslösen, ist ein Bad mit antiparasitärem Zusatz die effektivste Lösung. Liegt kein Parasitenbefall vor und kratzt oder beißt sich der Hund trotzdem auffallend oft, kann eine Krankheit die Ursache sein. Lassen Sie den Hund deshalb zuerst vom Tierarzt untersuchen. Gibt es keinen Befund, kommen folgende Arzneien in Betracht:

Agaricus wird überwiegend bei älteren Tieren mit schwachem Kreislauf angewendet. Es besteht Zucken und Zittern der Beinen und des Kopfes. In fremder Umgebung verschlimmert sich der Juckreiz.

Arsenicum album verabreichen, wenn Juckreiz bei trockener Haut, ohne erkennbare Hautveränderung auftritt. Der Hund verlangt nach Wärme und die Beschwerden verschlimmern sich nachts.

Graphites bei älteren, zu Fettleibigkeit neigenden Hunden anwenden. Der Hund kratzt sich, bis die Haut roh und offen ist. Es bildet sich ein klebriges, honigartiges Sekret.

Kreosotum bei Juckreiz in Verbindung mit entzündlichen Hautveränderungen, wie Ekzemen, Pusteln oder Geschwüren geben. Die Absonderungen von Haut und Schleimhäuten sind übelriechend und wund machend.

Lycopodium bei Juckreiz in Verbindung mit Verdauungsstörungen anwenden. Häufig liegt eine unterschwellige Beeinträchtigung der Leber-/ Nierenfunktion vor.

Mezereum ist das Mittel bei unerträglichem Jucken, das sich durch warmes Baden verschlimmert. Der Hund kratzt sich ständig und der Juckreiz tritt an immer wechselnden Stellen auf. Es wird auch gegeben, wenn eine Impfung zu heftigem Juckreiz führt.

Pulsatilla anwenden, wenn der Juckreiz von roten Hautflecken begleitet ist und sich nachts verschlimmert.

Sulphur verabreichen, wenn schuppige, trockene und gerötete Haut den Juckreiz verursacht. Es geht dem Hund besser, wenn er sich in einem kalten Raum aufhält.

Warzen

Diese Wucherungen der oberen Hautschicht gibt es in verschiedenen Formen und Größen. Aus homöopathischer Sicht wirken sie bei einer gestörten Stoffwechsel wie ein Ventil und sollten deshalb möglichst nicht entfernt werden. Die homöopathische Behandlung ist meist nicht einfach, allein schon, weil bei über 30 Arzneien Warzen prominent im Mittelbild vertreten sind. Eine konstitutionelle Behandlung, z. B. mit *Arsenicum album*, *Calcium carbonicum* oder *Sepia* (wenn das Mittel passt!) empfiehlt sich, da die Sanierung des Stoffwechsels automatisch zum Verschwinden der Warzen führt. Darüber hinaus gibt es folgende Arzneien, die auch häufig Erfolg bringen. Weil es sich meist um eine chronische Beschwerde handelt, wird einmal täglich eine Gabe C-12 verabreicht.

Thuja bei nässenden oder leicht blutenden Warzen anwenden. Meist sind sie groß, weich und gezackt. Wenn sie offen sind, können sie einen käsigen Geruch verbreiten.

Causticum verabreichen, wenn es meist harte, hornige und gestielte Warzen betrifft, die in einigen Fällen richtig schmerzen und Irritationen beim Hund auslösen können. Bei Berührung bluten sie leicht.

Acidum nitricum bei großen, weichen Warzen geben, die sehr empfindlich gegen Berührung sind und nässen.

Antimonium crudum bei glatten, harten und hornigen Warzen anwenden.

Dulcamara bei großen, fleischigen, glatten Warzen verabreichen.

Haarausfall

Zweimal im Jahr, im Frühjahr und im Herbst, wechselt ein Hund sein Fell, um sich den jahreszeitlichen Witterungsverhältnissen anzupassen. Zwischendurch verliert er auch Haare, aber dann bedeutend weniger. Bei ständigem beträchtlichem Haarausfall ist in der Regel der Stoffwechsel oder der Hormonhaushalt gestört. Eine strikt durchgeführte Diät tut da häufig Wunder. Zusätzlich kann eine passend gewählte, konstitutionell wirkende homöopathische Arznei zur Besserung beitragen. Empfohlene Dosierung: einmal täglich eine Gabe C-12.

Carbo vegetabilis anwenden bei schwerfälligen, trägen Tieren mit geringer Vitalität, oft als Folge einer langen Erkrankung, Blutverlust oder durch zu langes Stillen.

Graphites bei trägen, übergewichtigen Hunden mit Neigung zu Verstopfung verabreichen. Die Haut dieser Tiere ist ungesund, trocken und rissig.

45

Schwerfälligen, trägen Hunden mit geringer Vitalität hilft bei Haarausfall oft **Carbo vegetabilis.**

Natrium muriaticum ist angezeigt, wenn ein gestörter Salzhaushalt zum Haarausfall führt. Das ist häufig der Fall bei einseitiger Fütterung von Fertig- oder Dosenfutter. Das Fell ist meist trocken und glanzlos, und auf der Haut bilden sich leicht Ekzeme.

Selenium kann eine Alternative sein, wenn ein passendes Konstitutionsmittel nicht auszumachen ist, vor allem bei Haarausfall an Kopf, Augenbrauen und Schnauze.

Sepia bei Haarausfall durch hormonelle Umstellungen, wie Trächtigkeit, Sterilisation oder Kastration anwenden; überwiegend bei Hündinnen.

Schuppen

Weil sich die Hautoberfläche ständig erneuert, sind Schuppen bis zu einem gewissen Grad ganz normal. Sie entstehen durch die Abschilferung der oberflächlichen Hautzellen, während von innen wieder neue nachwachsen. Bei übermäßiger Schuppenbildung ist eine Behandlung zu empfehlen. Dabei sollte zwischen der trockenen und öligen Form unterschieden werden. Bei der trockenen Form rieseln die Schuppen zu Boden, bei der öligen verbinden sich Schuppen und Talgdrüsenfette miteinander und bilden eine fettige Masse, die auf der Haut und im Fell festklebt. Zersetzen sich diese Fette, kann ein unangenehmer Geruch entstehen. Die Behandlung soll konstitutionell erfolgen, einmal täglich C-12.

Arsenicum album vor allem bei älteren Hunden, mit trockener, kühler Haut verabreichen. Die Schuppen sind meist groß und weiß, können aber auch eine ganz dunkle Farbe haben.

46 *Natrium muriaticum* anwenden, wenn bei diesen Hunden die Haut entweder besonders trocken und das Fell dann stumpf und struppig ist, oder beide haben ein fettiges, öliges Aussehen. Die Schuppen sind weiß.

Phosphorus verabreichen, wenn Hunde dieses Konstitutionstyps zu Ekzemen neigen, wobei sich die Haut abschuppt. Es sind meist schlank gebaute Tiere, leicht erregbar und durstig.

Sulphur anwenden, wenn diese Hunde einen ungepflegten Eindruck machen. Die Haut ist meist warm, gerötet und trocken, das Fell fettig.

Erkrankung der Geschlechtsorgane des Rüden

Die häufigsten Erkrankungen der Geschlechtsorgane bei Rüden sind Hodenhochstand, Hodenentzündung, Tumoren, Penisverletzungen und Vorhautentzündung.

Vorhautkatarrh

Bei fast jedem Rüden kommt es hin und wieder zu einem gelblichen Ausfluss aus dem Geschlechtsteil, der vielen Besitzern hygienische und ästhetische Probleme bereitet. Der Hund leckt, weil es brennt und er verliert Tropfen des eitrigen Sekrets. Die Vorhautentzündung entsteht durch die Ansiedlung von Bakterien, was durch das Liegen auf dem Boden zwangsläufig passiert. Eine Kastration behebt meist die größten Probleme, aber sie kann nicht verhindern, dass es hin und wieder zum so genannten Präputialkatarr kommt. Spülungen mit *Calendula*-Tinktur (ein Teelöffel auf ein Glas Wasser) sorgen für gute Besserung.

Cannabis sativa geben, wenn die Vorhaut angeschwollen ist, das Urinieren schmerzt und der Ausfluss dick, gelb und eitrig ist.

*Ist die Vorhaut rot und geschwollen und befinden sich kleine rote Pünktchen am Penis, kann dem Rüden **Cinnabaris** helfen.*

47

Cinnabaris anwenden, wenn sich kleine rote, stark juckende Pünktchen am Penis befinden. Die Vorhaut ist rot und geschwollen.

Hepar sulfuris ist das Mittel, wenn die Vorhaut geschwürig aussieht. Es besteht reichlich Ausfluss, der nicht zu reizen scheint und häufig einen käsigen Geruch hat.

Mercurius anwenden, wenn sich kleine Geschwüre auf der Vorhaut befinden und der Ausfluss wund machend ist.

Sulphur verabreichen, wenn die Beschwerden von heftigem Jucken begleitet sind.

Hodenentzündung

Anzeichen für eine Entzündung der Hoden sind Fieber und Müdigkeit, eine oder beide Hoden sind geschwollen, warm und schmerzhaft. Meistens entsteht sie durch eine Verletzung, Prellung oder Quetschung. Die Hodenentzündung ist besonders schmerzhaft und deshalb bewegt sich der Hund ungern und geht breitbeinig.

Arnica kann eine Entzündung häufig vermeiden, wenn sie sofort nach einer Prellung oder Quetschung gegeben wird. Der Zustand ist dann akut, also mehrere Gaben C-12 in kurzen Abständen von einer halben Stunde. Bei Besserung die Weitergabe reduzieren.

Aconitum bei plötzlich und heftig einsetzenden Beschwerden verabreichen, häufig ausgelöst durch Erkältung, Verkühlung oder trockene Kälte.

Clematis überwiegend bei Entzündung des rechten Hodens geben. Nachts und in der Wärme verschlimmern sich die Beschwerden.

Pulsatilla ist eine Alternative, aber eher bei linksseitiger Entzündung.

Rhododendron ist ebenfalls eine Alternative, sowohl rechts- als linksseitig und bei chronischen, wiederkehrenden Hodenentzündungen.

Prostatitis

Bei einer akuten Entzündung der Prostata besteht hohes Fieber und das Allgemeinbefinden ist hochgradig gestört. Der Hund hat starke Schmerzen, wodurch er mühsam geht. Er leidet an Verstopfung und Krämpfen und aus dem Penis kommt ein blutig-eitriger Ausfluss. Es ist klar, dass hier das Eingreifen eines Tierarztes dringend nötig ist. Die nachstehenden Arzneien können als Erste-Hilfemaßnahmen für Linderung sorgen.

Belladonna bei den ersten Anzeichen der Erkrankung und plötzlich, heftig einsetzenden Beschwerden anwenden.

Chimaphila umbellata verabreichen, wenn die Beschwerden begleitet sind von Blut im Urin.

Pulsatilla nach *Belladonna* geben, wenn das akute Stadium vorbei ist.

Eine chronische Prostatitis ist schwerer zu erkennen als die akute Form, da

sie oft ohne Symptome verläuft. In der Regel setzt der Hund nur manchmal blutigen Urin ab, oder er hat öfters eine Blasenentzündung. Die chronische Entzündung führt häufig zur Verhärtung der Prostata.

Conium bei sehr starker Verhärtung der Prostata anwenden.
Thuja ist das Mittel, wenn eine Vergrößerung besteht, aber keine besonders ausgeprägte Verhärtung vorhanden ist.

Erkrankung der Geschlechtsorgane der Hündin

Fruchtbarkeits- und Zyklusstörungen, Scheidenentzündungen und Krebserkrankungen bei Hündinnen haben immer mehr zugenommen, und es ist anzunehmen, dass die modernen Zucht- und Verhütungspraktiken dazu wesentlich beitragen.

Wo mit Hormonspritzen der natürliche Zyklus manipuliert und mit Antibiotika „vorbeugend" in das Immunsystem der Tiere eingegriffen wird, entstehen zwangsläufig Risiken und Nebenwirkungen, die es zu verantworten gilt.

Zur Verhütung halte ich die Kastration von Hündinnen und Rüden für die beste Lösung. Die Erfahrung, dass sie nach der Operation träge und fettleibig werden, habe ich bei meinen drei Rüden und einer Hündin nie gemacht. Nicht die Operation macht einen Hund dick, sondern das Fressen.

Nicht selten sind Hündinnen nach der Läufigkeit scheinträchtig, wollen Aufmerksamkeit und bauen ein Nest – der Hormonspiegel spielt verrückt.

49

Scheinträchtigkeit

Viele Hündinnen sind nach der Läufigkeit scheinträchtig. Dabei verhält sich die Hündin wie nach dem Werfen ihrer Welpen. Sie baut ein Nest, und das Gesäuge schwillt an. Manche Tiere bilden sogar zeitweise Milch und werden ihrer Umwelt gegenüber schnippisch oder aggressiv. Empfohlene Dosierung: Zweimal wöchentlich C-30, bis sich das Verhalten normalisiert hat.

Pulsatilla ist das Hauptmittel bei einer Scheinträchtigkeit. Sollte keine Wirkung erfolgen, kommen folgende Arzneien als Alternativen in Betracht:

Asa foetida verabreichen, wenn die Hündin extrem nervös, überempfindlich und hysterisch ist. Das Gesäuge ist angeschwollen und sondert eine milchige Flüssigkeit ab.

Cyclamen ist mit *Pulsatilla* nah verwandt. Im warmen Zimmer fühlen sie sich wohler als im Freien. Die Hündin hat meist wenig Durst.

Scheidenentzündung

Ausfluss aus der Scheide, der schleimig, eitrig, wässrig und blutig sein kann, sind die äußeren Zeichen einer Vaginitis.

Belladonna im Beginnstadium der akuten Entzündung geben. Das äußere Genital ist rot, geschwollen und heiß.

Calcium carbonicum bei chronischer Scheidenentzündung mit dickem, brennendem, gelbem Ausfluss anwenden. Der Fluor fließt reichlich, manchmal im Schwall, und verursacht Juckreiz. Hat die Hündin gut auf *Belladonna* reagiert, folgt *Calcium carbonicum* zur Abheilung – dann einmal eine Gabe C-200.

Cantharis solte verabreicht werden, wenn die Scheide äußerst berührungsempfindlich und geschwollen ist und ein sehr dunkles, fast schwarzes Aussehen hat.

Mercurius bei Entzündungsgeschwülsten der Scheide geben. Der Ausfluss ist eitrig, scharf, wundmachend und hat eine gelbgrüne Farbe.

Pulsatilla bei Scheidenentzündung, die in jungem Alter vor der ersten Läufigkeit auftritt, anwenden.

Sepia bei chronischen oder wiederkehrenden Entzündungen im Genitalbereich verabreichen. Meist sind ältere Hündinnen betroffen oder die Erkrankung ist Folge hormoneller Schwankungen.

Geburt

In den gut zwei Monaten ihrer Schwangerschaft ist für die Hündin gute Pflege und eine ausgewogene Ernährung besonders wichtig. Außerdem gibt es einige Arzneien, die homöopathisch ganz wesentlich zu einer unbeschwerten Geburt beitragen können. Die praktische Anwendung wird hier in chronologischer Reihenfolge beschrieben.

Pulsatilla – beugt einer Fehllage des Fetus und einer eventuellen Wehenschwäche vor. Diese Arznei wird ab der 6. Woche als C-12 alle zwei Tage verabreicht.

Arnica – wenn als Folge eines Stoßes oder Unfalles eine Frühgeburt droht. Alle halbe Stunde eine Gabe C-12, bis sich der Zustand normalisiert.

Caulophyllum – eine sehr hilfreiche Arznei, wenn es durch Verkrampfung des

Eine ausgewogen ernährte Hündin ist die Voraussetzung für eine unbeschwerte Geburt und gesunde Welpen.

Muttermundes bei früheren Geburten zu Schwierigkeiten gekommen ist, dann eine Gabe C-30 am Tag vor der zu erwartenden Geburt verabreichen.

Caulophyllum ist auch bei Wehenschwäche zu geben, wenn anfangs noch kräftig gepresst wurde, aber die Wehen weniger werden, weil die Hündin erschöpft ist. Dann alle 30 Minuten eine Gabe C-12.

Secale ist ebenfalls bei Wehenschwäche zu geben, wenn *Caulophyllum* nicht die gewünschte Wirkung zeigt – C-12 alle 30 Minuten.

Arnica nach der Geburt anwenden, weil das Bindegewebe stark überdehnt wurde und schnelle Erholung notwendig ist – viermal eine Gabe C-12, alle drei Stunden.

Bellis perennis hat eine ähnliche Wirkung wie *Arnica*, sollte aber gegeben werden, wenn auch Blutungen von hellroter Farbe auftreten; gleiche Dosierung.

Bryonia verabreichen, wenn das Gesäuge heiß und so prall gefüllt ist, dass die Milch weder fließen, noch von den Welpen abgesaugt werden kann – alle zwei Stunden eine Gabe C-12.

Urtica urens anwenden, wenn die Milchproduktion nicht in Gang kommt – einmal eine Gabe C-30. Diese Arznei ist auch angezeigt, wenn nach dem Abstillen noch reichlich Milch vorhanden ist – dann viermal täglich eine Gabe C-12.

Belladonna ist das Mittel, wenn ein gestörter Milchfluss die Folge einer Entzündung des Gesäuges (Mastitis) sein kann. Bei ersten akuten Beschwerden mit Schmerz, Hitze, Rötung und Schwellung, ist *Belladonna* das Mittel der Wahl – stündlich eine Gabe C-12.

Phytolacca anwenden, wenn die Brustdrüsen schmerzen und schwer, stein-
hart, geschwollen und heiß sind – alle zwei Stunden eine Gabe C-12.
Bryonia kann helfen, sollten die gleichen Symptome vorliegen und von
Phytolacca keine Wirkung ausgeht. Druck bessert, deshalb legt sich die
Hündin auf den Bauch – alle zwei Stunden eine Gabe C-12.
Hat sich bereits ein Abszess gebildet, wird so behandelt, wie auf Seite 42
beschrieben.

Welpen und Impfen

Infektionskrankheiten kommen im Welpenalter häufiger vor, als es bei er-
wachsenen Hunden der Fall ist. Die Selbstheilungskräfte sind noch nicht
ausgereift und der Organismus ist deshalb anfälliger, so eine Erklärung.
Vielleicht aber sind Infektionen auch ein Vehikel der Natur, das Immunsystem Schritt für Schritt auf Trab zu bringen.

Wie sinnvoll ist Impfen?

Wie in der Humanmedizin, wo es (noch) keine gesetzliche Impfpflicht
gibt, werden auch in der Veterinärmedizin Impfungen empfohlen, manche verpflichtend vorgeschrieben und in großem Umfang durchge-
führt.

Impfplan für Hunde
Üblicherweise wird die Grundimmunisierung von Welpen in der sieb-
ten bis achten Lebenswoche begonnen. Dabei wird gegen Staupe,
Parvovirose, Hepatitis und Leptospirose geimpft. Vier Wochen später
erfolgt die Auffrischimpfung. Die erste Tollwutimpfung ist ab der
12. Lebenswoche vorgesehen, Folgeimpfungen sollten jährlich durch-
geführt werden.

Die Frage ob, wann und wie häufig geimpft werden sollte, wird unter
Tierärzten kontrovers diskutiert. Dass bestimmte Impfungen, wie z. B. die
gegen Tollwut, Staupe oder Parvovirose notwendig sind, ist weitgehend
unumstritten. Uneinigkeit besteht allerdings darüber, in welchem Alter
und gegen welche Krankheiten geimpft werden soll und in welchem In-
tervall die Impfwiederholungen stattfinden müssen.

In den ersten Lebenswochen kann der Welpe noch keine eigenen Antikörper bilden, sein Immunsystem ist noch untrainiert und deshalb weitgehend hilflos. Geschützt wird er durch die Antikörper der Mutter, die er
mit der Muttermilch aufnimmt. Nach und nach wird sich nun sein Immunsystem entwickeln, indem es, vereinfacht ausgedrückt, zwischen gut

und böse unterscheiden lernt.

Impffolgen

Wird das noch nicht ausgereifte Immunsystem extremen Belastungen ausgesetzt, kann das unter Umständen schwerwiegende Folgen haben. Die Grundimmunisierung ist solch eine extreme Belastung. Mit sieben Wochen ist die körpereigene Abwehr noch ein ziemlich fragiles Gebilde, das an den verschiedenen, gleichzeitig verabreichten Impfstoffen schwer zu knabbern hat.

Meist werden die Impfungen gut überstanden, aber es gibt auch Tiere, die deutliche, manchmal lebensbedrohliche Impfreaktionen zeigen. Diese reichen von Durchfall und Erbrechen über Hautausschlägen, asthmatischen Beschwerden, Nervenentzündungen, Lähmungen und Hirnhautentzündung, bis hin zu heftigen Krämpfen und epileptischen Anfällen.

Forschung auf diesem Gebiet findet kaum statt. Nur die Reaktionen innerhalb der ersten zwei bis drei Tage werden festgehalten, mögliche Spätfolgen vom Impfungen so gut wie gar nicht untersucht.

Die homöopathische Sicht

Impfungen liegt die Vorstellung zu Grunde, mit menschlichem Können und Verstand alles Kranke aus der Welt schaffen zu müssen. Dementsprechend wird in der Auseinandersetzung mit Krankheit auch von „bekämpfen" und „besiegen" gesprochen und lassen sich unsere Schulmediziner gern als „Helden in Weiß" feiern.

Dabei steckt die Forschung nach dem genauen Funktionieren des menschlichen Organismus noch ziemlich in den Kinderschuhen und es ist völlig unklar, ob eine rigorose Kampfstrategie auch tatsächlich das richtige medizinische Behandlungskonzept ist.

Welpen sind für Infektionskrankheiten anfälliger als erwachsene Hunde.

53

Homöopathen gehen davon aus, dass Krankheiten bestimmte Funktionen erfüllen, die reinigend, warnend, ausgleichend oder stellvertretend sein können. Bei Durchfall und Erbrechen nach einer Lebensmittelvergiftung ist klar, was der Körper mit den Symptomen anstrebt. Es gibt aber auch eine Reihe anderer Erkrankungen, wo der Sinn weniger vordergründig und vielleicht erst im Nachhinein erkennbar ist.

Aus diesem Grund bekämpft die Homöopathie die Symptome nicht, sondern unterstützt das natürliche Heilbestreben des Organismus. Das gilt für alle Krankheiten, also auch für die, wogegen geimpft wird. Deshalb beschränken wir uns hier auf zwei Krankheiten, gegen die nicht unbedingt geimpft werden muss.

Borreliose

Diese bakterielle Erkrankung wird durch Zecken übertragen. In vielen Gebieten wurden Hunde bei Blutuntersuchungen Borreliose-positiv getestet, obwohl sie keinerlei Symptome zeigten. Es wird deshalb vermutet, dass die meisten Infektionen unbemerkt verlaufen. Die Impfung ist umstritten, da oft Impfreaktionen auftreten und die Hunde nach der Impfung Symptome der Borreliose entwickeln. Zur Vorbeugung sollte der Hund täglich auf Zecken untersucht werden, denn das Entfernen der Übertragungsquelle innerhalb der ersten 24 Stunden verhindert eine Erkrankung.

Erste Anzeichen der Borreliose sind eine entzündliche Hautrötung um die Bissstelle herum und Allgemeinsymptome, die eine Grippe vermuten lassen. Später kann es zu Kopfschmerzen, Sehstörungen, Nervenbeschwerden und Gelenkschwellungen kommen. Im dritten Stadium, meist erst Monate später, kommt es zu Entzündungen, die von Gelenk zu Gelenk springen. Die Haut im Bereich der Gelenke verfärbt sich blaurot.

Die bei dieser Krankheit richtige Arznei ist *Ledum*. Interessanterweise lassen sich sämtliche Symptome, die im Laufe der Erkrankung auftreten können, im Mittelbild zurückfinden. Einige Zitate aus der Materia medica zu dieser Arznei:
- Der Patient fühlt sich kalt und frostig, hat aber einen heißen Kopf.
- Schwaches, trübes Sehen. Flimmern und Flackern vor den Augen.
- Neuritis mit schießenden Schmerzen dem Nerv entlang.
- Gelenkschwellungen und wandernde Gelenkschmerzen.
- Leidende Teile färben sich blaurot.

Hier ist klar, dass die Behandlung in jedem Stadium mit *Ledum* begonnen werden soll. Empfohlene Dosierung: dreimal täglich eine Gabe C-12, drei Tage lang.

Zwingerhusten

An der Entstehung dieser infektiösen Erkrankung des oberen Atmungstraktes sind mehrere Virusarten und gelegentlich Bakterien beteiligt. Zwingerhusten ist eine nicht lebensbedrohliche Erkältungskrankheit beim Hund,

die durch Tröpfchen übertragen wird.

Die Symptome sind plötzlich auftretender trockener und quälender Husten. Die Hunde würgen manchmal bis zum Erbrechen, als würde ein Fremdkörper im Rachen stecken. Häufig werden die Hustenattacken durch kalte Luft ausgelöst oder verstärkt. In den meisten Fällen kommt es binnen 14 Tagen zu einer Spontanheilung.

Rumex bei trockenem, unaufhörlichem und ermüdendem Husten anwenden, der durch das Einatmen kalter Luft oder durch Luft- und Raumwechsel ausgelöst oder verschlimmert wurde.
Arsenicum album verabreichen bei den gleichen Symptomen, ohne die Verschlimmerung durch kalte Luft.

Arzneien für Impffolgen
Impfungen führen in manchen Fällen zu unterschiedlichen Beschwerden und Erkrankungen.

Die Erfahrung zeigt, dass einige homöopathische Arzneien bestimmte Impfreaktionen neutralisieren und den früheren Gesundheitszustand wieder herstellen können.

Info

Folgende Mittel kommen in Betracht, wenn sich nach Impfungen entsprechende Symptome zeigen:

Antimonium tartaricum	Durchfall
Apis	Durchfall
Mezereum	Schlaflosigkeit, Hautausschläge
Silicea	Mittelohrentzündung, Übelkeit, Durchfall, Schwellungen, epileptischen Krämpfe
Sulphur	Schwellungen
Thuja	Angst, Augenentzündung, Magenschmerzen, Durchfall, asthmatische Atmung, Husten, Eiterungen und Geschwüren an den Krallen, Lähmung der Beine, Schwellungen, ruheloser Schlaf und Schlaflosigkeit, Hautausschläge, Ekzeme, epileptischen Krämpfe

Empfohlene Dosierung: dreimal täglich eine Gabe C-12, bei Besserung die Dosen reduzieren.

Tumoren

Nicht nur in der Humanmedizin, auch bei den Tieren spielen Tumoren und Geschwülste eine rasch größer werdende Rolle. Durch eine Überproduktion körpereigener Zellen entstehen Neubildungen im Gewebe, die zunächst als Verhärtungen und Knoten tastbar werden. Kann sich der Tumor ausbreiten, wächst er auch in anderes Gewebe hinein.

Von Tumoren betroffen sind überwiegend die Milchleiste der Hündin, Prostata und Hoden der Rüden, der Afterbereich, die Schilddrüse und Maulhöhle. Geschwollene Stellen bei läufigen oder scheinschwangeren Hündinnen sind meist hormonell bedingt und verschwinden nach Abklingen wieder.

Nicht jede Geschwulst ist ein bösartiger Tumor. Bei Hunden entstehen oft völlig harmlose Neubildungen, besonders im Alter. Deshalb ist es ratsam, sich für eine Entscheidung zum operativen Eingriff genügend Zeit zu lassen. Dabei sollte beachtet werden, dass eine zu frühe Operation die Tumorbildung häufig aktiviert.

Homöopathisch wäre die Behandlung mit dem Konstitutionsmittel des Tieres die beste Lösung. Ist dieses nicht erkennbar, können folgende Arzneien nach klinischen Überlegungen angewendet werden:

Acidum nitricum anwenden bei Geschwülsten und Tumoren an Stellen, wo Haut und Schleimhaut aneinander wachsen. Betroffen sind überwiegend Maul, Nase, Anal- und Genitalbereich. Die Neubildungen und Wucherungen sind meist schmerzlos und haben oft ein blumenkohlartiges Aussehen.

Carbo animalis ist eine Arznei für ältere, geschwächte Tiere. Langsam fortschreitende Tumorprozesse, die zu Bösartigkeit neigen.

Conium ist das Mittel vor allem bei Tumoren und Verhärtungen im Drüsengewebe. Betroffen sind bei Hündinnen die Milchleiste, bei Rüden Prostata und Hoden. Das geschwollene Gewebe fühlt sich meist steinhart an. Diese Arznei wird auch gegeben bei Drüsentumoren, die nach Prellung oder Quetschung auftreten.

Phytolacca bei sich hart anfühlenden Drüsentumoren verabreichen. Betroffen sind meist die Milchleiste, Mandeln, Lymphknoten, Hoden und Prostata. Überwiegend bei Neubildungen, die sich rasch entwickeln, im Gegensatz zu *Conium*, wo der Prozess meist langsamer verläuft

Silicea bei sich schleichend entwickelnden Tumoren und Geschwülsten geben. Oft betrifft es Neubildungen, die nach einer nicht richtig abgeheilten eitrigen Entzündung entstehen. Die Knoten und Verhärtungen sind in der Regel schmerzlos.

Thuja bei weichen Geschwülsten, überwiegend im Anal- und Genitalbereich verabreichen. Wie bei *Acidum nitricum* erinnert ihr gewölbtes Aussehen an die Form eines Blumenkohls. Häufig nässen die Gewebswucherungen.

Auffälliges Verhalten

Wenn das Zusammenleben von Mensch und Hund zu Problemen führt, ist der Grund dafür meistens beim Besitzer zu finden. Unzureichende Haltungsbedingungen, die Stress oder Langeweile auslösen, falsche Anforderungen dem Hund gegenüber und mangelhaftes Wissen über das natürliche Verhalten der Tiere sind häufige Ursachen für eine problematische Beziehung.

Die Erfahrungen im Welpenalter sind prägend für die spätere Entwicklung des Hundes. Eine häufige Folge fehlender sozialer Reize im jungen Alter ist das Angstbeißen, was Psychologen als defensive Aggression bezeichnen. Sie entsteht z. B. durch Einsperren oder Zwingerhaltung.

Tiere, die zu wenig neue Erfahrungen sammeln können, werden scheu, unsicher und schreckhaft. Das zeigt sich durch dauerndes Kläffen, Fressen unverdaulicher Sachen oder Pfotenbeißen. Welpen sollten nicht zu früh aus dem Wurf genommen werden und brauchen auch später den sozialen Kontakt mit Artgenossen.

Auffälliges Verhalten kann aber auch durch traumatische Erlebnisse, wie Prügel, Rauferei oder Unfall ausgelöst werden. Diese Hunde sind meist nervös und unsicher, hysterisch oder aggressiv und können „grundlos" Angst vor bestimmten Menschen oder Artgenossen haben.

Zur Behandlung psychisch und seelisch bedingter Auffälligkeiten wie aggressives Verhalten, werden höhere Potenzen eingesetzt.

57

Aggressivität

Es gibt verschiedene Arten der Aggressivität, die nicht nur für die Opfer, sondern auch für den Hundebesitzer eine Belastung sein können. Manche „Angstbeißer" greifen ihr Gegenüber ohne jede Vorwarnung an, andere Hunde bellen oder knurren vorher und kündigen so ihre aggressiven Absichten an.

Da es hier psychisch und seelisch bedingte Auffälligkeiten betrifft, werden zur Behandlung höhere Potenzen gebraucht. Empfohlen wird alle zwei Tage eine Gabe von C-30, zwei Wochen lang. Bessert sich der Zustand, sollte die Behandlung mit einer einmaligen Gabe D-200 oder C-200 abgeschlossen werden.

Belladonna ist für Hunde, die ohne Vorwarnung zubeißen. Auf Berührung, helles Licht und Geräusche reagieren. Sie sind sehr empfindlich.

Chamomilla hilft bei wiederkehrenden Rangkämpfen zwischen Hunden eines Besitzers – eine Gabe D-200 oder C-200 für jeden Hund.

Hyoscyamus verabreichen, wenn diese Hunde ihre extreme Kampflust durch Knurren und Bellen ankündigen. Eifersucht kann eine Rolle spielen. Die Aggression richtet sich gegen bestimmten Personen oder Tiere. Opfer sind häufig kleinere Artgenossen.

Lachesis bei Aggressivität aus Eifersucht geben. Das Opfer wird genau beobachtet und erst dann angegriffen, wenn dem Hund die Gelegenheit günstig erscheint.

Nux vomica anwenden, wenn Kleinigkeiten, wie der Besuch des Postboten, zu heftigen Reaktionen führen. Der Hund verträgt Geräusche und Berührung schlecht, möchte nicht festgehalten werden.

Angst

Hunde sind sensible Tiere und besitzen Wahrnehmungsgaben, von denen wir Menschen nur träumen können. Ist die natürliche Sensibilität stark gesteigert, kann das allerdings zu übertriebener Ängstlichkeit führen, die eine Behandlung rechtfertigt. Empfohlen wird C-30, alle zwei Tage eine Gabe, zwei Wochen lang. Bei Besserung abschließend einmalig D-200 oder C-200.

Apis hilft bei Angstträumen, wenn der Hund im Schlaf bellt.

Argentum nitricum anwenden bei Furcht vor Neuem und bei Erregungsspannung, die Durchfall auslöst.

Arsenicum album verabreichen, wenn Angst vor dem Alleinsein besteht. Der Hund ist nachts unruhig, geht umher, macht sich bemerkbar.

Gelsemium hilft gegen ängstliches und nervöses Zittern mit unfreiwilligem Urinverlust.

Lachesis anwenden bei Angstzuständen, die von starker aggressiver Ruhelosigkeit und Übererregbarkeit geprägt sind.

58 *Kalium phosphoricum* ist das Mittel bei generell sehr schreckhaften Tieren.

Ängstlichen Hunden kann eine homöopathische Behandlung helfen.

Lycopodium verabreichen, wenn der Hund Angst vor Männern hat.

Opium ist eine wichtige Arznei zur Behebung von Schreckfolgen. Der Hund ist auffallend apathisch.

Phosphorus anwenden, wenn der Hund aus Angst vor dem Alleinsein zappelig ist und bellt. Es sind neugierige, aber nervöse Tiere, die sich gerne in der Nähe des Menschen verstecken, z. B. bei Gewitter. Hat der Hund Angst vor dem Tierarztbesuch, beruhigt eine Gabe D-200 oder C-200 eine Stunde vorher.

Eifersucht

Hunde gewöhnen sich rasch und gerne daran, im Mittelpunkt des Interesses zu stehen, und deshalb ist für viele Tiere jede Konkurrenz unwillkommen. Zur Behandlung sollte D-200 oder C-200 als Einzelgabe gegeben werden.

Hyoscyamus hilft bei Eifersucht mit sehr aggressivem, jähzornigem Verhalten.

Platinum anwenden bei auffallendem, sexuell bedingtem Imponiergehabe zwischen Rüden und Hündinnen.

Pulsatilla verabreichen bei Eifersucht von sehr liebesbedürftigen und anhänglichen Hunden. Das Tier ist sehr verärgert, wenn sich sein Besitzer auch mal für ein anderes interessiert.

59

Sehr eifersüchtige Hunde, die ihrem Wesen nach liebesbedürftig und anhänglich sind, brauchen meist **Pulsatilla**.

Fahrkrankheit

Viele Hunde lieben es, im Auto mitfahren zu dürfen, für andere ist Reisen eine regelrechte Qual. Die homöopathische Arznei kann in zweierlei Weise gegeben werden. Als Akutmittel (C-12) eine halbe Stunde vor Abfahrt eine Gabe und dann während der Fahrt jede Stunde eine. Als Kur können Sie einmal eine Gabe D-200 oder C-200 verabreichen.

Cocculus anwenden, wenn es dem Hund sichtbar schlecht geht. Er bewegt sich während der Fahrt so wenig wie möglich, er speichelt oder erbricht und verliert manchmal unwillkürlich Kot oder Urin. Nach der Fahrt dauert es eine Weile, bis sich das Tier wieder erholt hat.

Nux vomica hilft bei großer Ruhelosigkeit. Ein Herumspringen während der Fahrt, Bellen und Hecheln kennzeichnen das typische Verhalten.

Petroleum verabreichen bei Übelkeit und Erbrechen während der Fahrt, aber wenn der Hund etwas frisst, geht es ihm gleich wieder besser.

Tabacum anwenden bei den gleichen Symptome wie bei *Cocculus*, aber einmal an der frischen Luft, geht es dem Hund sofort wieder besser.

Heimweh

Trennung vom vertrauten Zuhause oder von seinem Menschen führt häufig zur Abmagerung, weil der Hund aus Kummer nicht mehr frisst.

Ignatia ist das wichtigste Mittel bei Heimweh. Meist bestehen Verdauungsstörungen und Appetitlosigkeit. Ein Tier, das bei Trennung zu Heimweh neigt, gibt man *Ignatia* in D-200 oder C-200, zwei Stunden bevor es in die Klinik oder Hundepension abgeliefert werden muss.

Capsicum ist eine Alternative, sollte *Ignatia* keine Wirkung zeigen.

Krämpfe und Zittern

Diese Symptome sind häufig Folge einer krankhaft verstärkten

Ignatia hilft Hunden, die unter Heimweh leiden.

Aktivität des Nervensystems. Es können nur lokale Muskeln zucken, oder ganze Gliedmaßen von unkontrollierten Bewegungen betroffen sein. Zittern bei Aufregung oder Unterkühlung ist normal. Alte Hunde entwickeln oft ein Zittern der Beine. Ein Patient der aus einer Narkose aufwacht, zittert ebenfalls.

Arsenicum album anwenden, wenn der Hund zittert, weil er Angst hat. In Gesellschaft geht es ihm besser.

Argentum nitricum hilft bei Zittern durch Erwartungsspannung. Oft in Verbindung mit Durchfall.

Gelsemium verabreichen bei Zittern nach Schreck oder Schock.

Krampfartige Zuckungen deuten auf ernstere Störungen hin, eventuell mit Gehirnbeteiligung. Bei einem epileptischen Anfall krampft fast jeder Muskel des Körpers und der Hund ist nicht ansprechbar. Bei leichteren epileptischen Anfällen, die dem klassischen Bild häufig vorausgehen, krampfen nur einzelne Muskeln, oder es kommt zum Ausfall bestimmter Körperfunktionen. Ist der Zustand sehr akut, wird alle viertel Stunde eine Gabe C-12 gegeben.

Belladonna hilft bei einem akuten epileptischen Anfall, ohne besondere Anzeichen.

Cicuta virosa anwenden bei heftigen Krämpfen und Zuckungen, mit schlimm aussehenden Verdrehungen der Glieder und des Kopfes.

Cuprum metallicum bei heftigen Spasmen und Krämpfen geben, das manchmal von Bellen oder Jaulen begleitet ist. Die Zunge und Mundhöhle sind blau verfärbt, der Körper fühlt sich kalt an.

Silicea hilft bei Krämpfen, die nach einer Impfung auftreten.

61

Auch nach einer Operation kann die Homöopathie gute Dienste leisten, indem sie für eine schnelle und unkomplizierte Heilung sorgt.

Operationen

Es wird manchmal empfohlen, *Arnica* zur Vorbereitung auf eine Operation einzunehmen. Ich rate davon ab, weil mich die Erfahrung eines befreundeten Zahnarztes eines Besseren belehrt hat.

Bei einer einfachen Kieferoperation hatte ein Patient so unerwartet heftig geblutet, dass es große Mühe gekostet hatte, die Blutung wieder zu stillen. Die Nachfrage ergab, dass der Patient drei Tage lang *Arnica* in sehr niedriger Potenz eingenommen hatte, in der Hoffnung, den Eingriff besser zu überstehen. Hier hatte die Arznei gerade das Gegenteil bewirkt, weil sie die für *Arnica* typische Blutungsneigung eben angeregt hatte.

Nach einer Operation ist *Arnica* allerdings zu empfehlen: es beugt Komplikationen vor, nimmt dem Hund seine Schmerzen und regt den Blutkreislauf an. Geben sie dem Tier diese Arznei einmal in der C-30 Potenz.

Abhängig von der Reaktion des Patienten, von der Schwere oder der Lokalisation der Operation, können zusätzliche Arzneien nötig sein. Hat der Hund viel Blut verloren und ist der Kreislauf sehr geschwächt, wird *China*, dreimal täglich eine Gabe C-12, gebraucht. Fließt nach einer Operation kein Urin mehr und besteht Harnverhalten, wird *Causticum*, dreimal täglich eine Gabe C-12 gegeben.

Darmlähmung und Verstopfung werden mit *Staphisagria*, dreimal täglich C-12, behandelt, das auch zur narbenfreien Abheilung beiträgt. Starke Blähungen verlangen nach *Carbo vegetabilis*. Bei Erschöpfung nach der Operation hilft *Ferrum phosphoricum*.

Erste Hilfe

Zur Behandlung aller möglichen Verletzungen verfügt die Homöopathie über eine ganze Palette wirkungsvoller Arzneien. Wo und wie diese einzusetzen sind, wird in diesem Kapitel ausführlich beschrieben.

Die Behandlung schwerer Unfallfolgen sollte unbedingt der Schulmedizin überlassen werden, die hierfür optimal ausgestattet ist. Aber wenn ein Tierarzt nicht gleich zur Stelle und man auf Maßnahmen in eigener Regie angewiesen ist, kann auch homöopathisch effektiv Erste Hilfe geleistet werden. Ebenso hilfreich kann sie zur Nachbehandlung angewendet werden, z. B. um die Wundheilung zu beschleunigen, Operationsfolgen zu lindern oder die Knochenbildung nach einem Bruch anzuregen.

Den Hund untersuchen

Bei Unfällen und Verletzungen ist zuerst wichtig, sich die betroffene Stelle genau anzusehen. Kleine Hunde hebt man dazu am besten auf einen Tisch, wobei eine Hand von vorne den Brustkorb, die andere hinten, zwischen den Beinen durchgegriffen, den Beckenboden unterstützt. Bei großen Hunden hebt man besser zu zweit, wobei die Person, zu der das Tier Vertrauen hat, vorne anpackt.

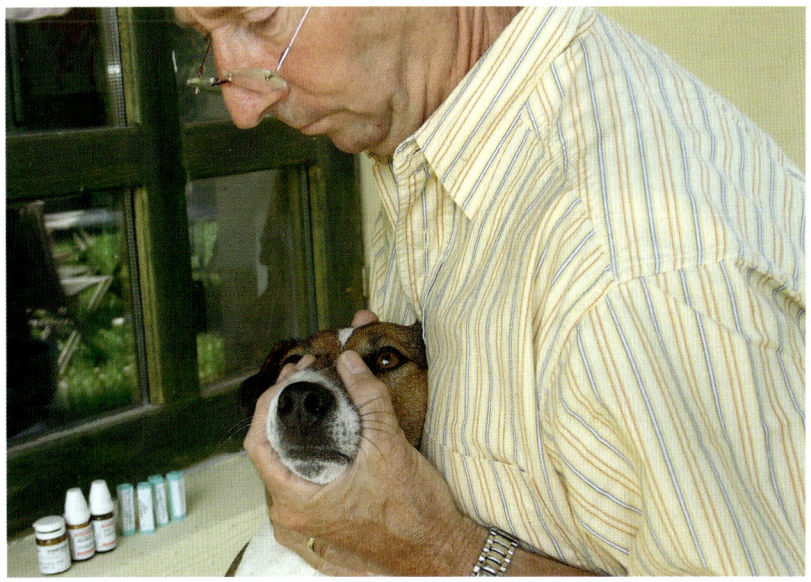

So fixiert man die Schnauze eines Hundes.

Homöopathische Notfall-
arzneien bei Blutungen –
alle 5 Minuten eine Gabe
C-12. Bei Besserung die
Gaben seltener verabreichen.
Phosphorus anwenden bei
schweren, nicht zu stop-
penden Blutungen mit hell-
rotem Blut.
Lachesis ebenfalls bei
heftigen Blutungen verab-
reichen, aber bei dunkel-
roter Blutfarbe.

Das Maul fixieren

Bei nicht aggressiven Hunden fixiert man das Maul, indem man die Schnauze mit der einen Hand von unten umfasst und Kopf und Hals mit der anderen Hand fest an sich drückt. Bei aggressiven Beißern sollte ein Maulkorb benutzt werden.

In Seitenlage fixieren

Bei einigen Untersuchungen und Behandlungen ist es sinnvoll, das Tier in Seitenlage zu fixieren. Um es zuerst auf die unverletzte Seite abzulegen, stützt ein Helfer den Rumpf der gesunden Seite. Nun zieht der Untersucher die Beine der gesunden Seite unter dem Tier durch zu sich hin und legt so den Hund, am Rumpf gestützt, langsam auf die Seite. Zum Fixieren werden die unten liegenden Füße vom Helfer umfasst und fest auf die Unterlage gedrückt. Einen Unterarm legt der Helfer fest auf den Hals des Tieres, damit es den Kopf nicht heben kann, den anderen hält er auf die Hüfte des Tieres.

Wundbehandlung

Die Wundbehandlung setzt sich aus schulmedizinischen und homöopathischen Maßnahmen zusammen. Dabei bestimmt die Art der Verletzung, welche Arznei letztendlich zum Einsatz kommt.

Ist zuerst eine Blutstillung nötig, sollte der Hund gut fixiert werden, damit er sich nicht bewegen kann. Sind keine größeren Gefäße verletzt, stoppt man die Blutung mit einem sauberen Stück Stoff, das einige Minuten lang auf die Wundränder gedrückt wird.

Ist die Blutung so nicht unter Kontrolle zu bringen, muss ein Druckverband angebracht werden. Dazu wird die verletzte Stelle mit einer Kompresse steril abgedeckt und mit einer Mullbinde umwickelt. Nach zwei Umwicklungen kommt ein Polster, z.B. ein Verbandspäckchen, auf die Stelle, wo sich die Wunde befindet und die Mullbinde wird dann weiter gewickelt, um so das Polster zu fixieren.

Reinigung und Desinfektion

Eine Reinigung der Wunde sollte erst vorgenommen werden, wenn die Blutung gestoppt ist. Dann wird mit einer gebogenen Schere das Fell um die Wunde 1 bis 2 cm weggeschnitten. Legen Sie dabei etwas Gaze auf die Wunde, damit keine Haare oder Schmutz auf die Verletzung gelangen. Zur Reinigung und Desinfektion eignet sich *Calendula*-Tinktur. Geben Sie 10 Tropfen auf ein halbes Glas Wasser.

Schlag, Prellung, Quetschung

Es gibt in der Homöopathie einige Mittel, die in ihrem Wirkungsbereich bestimmten Gewebearten zugeordnet werden können. Ist das Nervengewebe betroffen, wird sehr häufig *Hypericum* gebraucht, während *Ruta* vor allem bei Knochenhaut- und Sehnenverletzungen zum Einsatz kommt. Ist das weiche Bindegewebe betroffen, wird in den meisten Fällen *Arnica* gebraucht.

Anzeichen für eine Verletzung durch Schlag, Prellung oder Quetschung sind Blutungen, Ruhelosigkeit oder wenn der Hund auf der betroffenen Seite lahmt. Das Tier leckt sich die Pfote und diese schmerzt meist beim Betasten.

Arnica ist das Hauptmittel bei Trauma, Schock und Blutungen. Diese Arznei wird gegeben bei Prellung, Quetschung oder Verstauchung mit Blutergüssen. Die Verletzung scheint auch die Psyche erfasst zu haben, denn der Hund reagiert extrem empfindlich auf Berührung. Er weiß nicht recht, wie er sich hinlegen soll, weil ihn jede Lage schmerzt. Bei Verdacht auf Gehirnerschütterung sollte ebenfalls *Arnica* gegeben werden, und auch wenn der Hund nach zu langem Laufen einen Muskelkater hat.

Bei Trauma, Schock und Blutungen ist häufig **Arnica** *angezeigt.*

Bellis perennis hilft wenn *Arnica* nicht oder unzureichende Wirkung zeigt – hier ist diese Arznei ein gutes Folgemittel. Beide fördern die Auflösung von Blutergüssen im Bindegewebe.

Hamamelis ist ebenfalls eine Alternative zu *Arnica*, wenn nach einigen Tagen die be-troffenen Hautstellen bläulich oder dunkelrot verfärbt sind.

Hypericum ist das Mittel der Wahl, wenn Nervengewebe, vornehmlich in den Pfoten und Zehen, im Schwanz oder in den Ohrenspitzen verletzt wurde. Auch wenn der Kopf durch einen Unfall stark nach hinten geschleudert und die Wirbelsäule verletzt wurde, ist *Hypericum* zu verabreichen.

Ruta hilft bei Schienbeinprellungen, wenn die Knochenhaut verletzt wurde, oder wenn sich nach einer Verletzung an der Knochenhaut empfindliche Knötchen gebildet haben.

Symphytum ist als Folgemittel von *Ruta* anzuwenden, wenn nach einer Knochenhautverletzung Schmerzen bestehen bleiben, obwohl die Wunde schon längst verheilt ist.

65

Schürf- und Bisswunden

Calendula kann äußerlich bei Schürfwunden als wässerige *Calendula*-Lösung eingesetzt werden. Wenn die potenzierte Arznei oral eingenommen, wird verstärkt es die Wirkung.

Hypericum kann folgendermaßen angewendet werden: ist nervenreiches Gewebe betroffen, sollten Umschläge mit einer Johanniskraut-Lösung gemacht werden und die homöopathische Form dieses Heilkrauts (*Hypericum*) oral eingenommen werden.

Arnica kann in vielen Fällen wirksam sein, sollte aber bei verletzter Haut nicht äußerlich angewendet werden, da es sonst Entzündungen auslösen kann.

Hamamelis hilft, wenn die verletzte Stelle nicht aufhört zu bluten und sehr schmerzhaft bleibt.

Ledum nach Zeckenbiss verabreichen – dreimal täglich eine Gabe C-12, drei Tage lang. Das kann einer möglichen Borreliose vorbeugen.

Ledum und Lachesis im Wechsel sollten bei Schlangenbissen gegeben werden. Weil die Situation bei Bissen von giftigen Schlangen sehr akut ist, gibt man bis zur Besserung jede viertel Stunde eine Gabe.

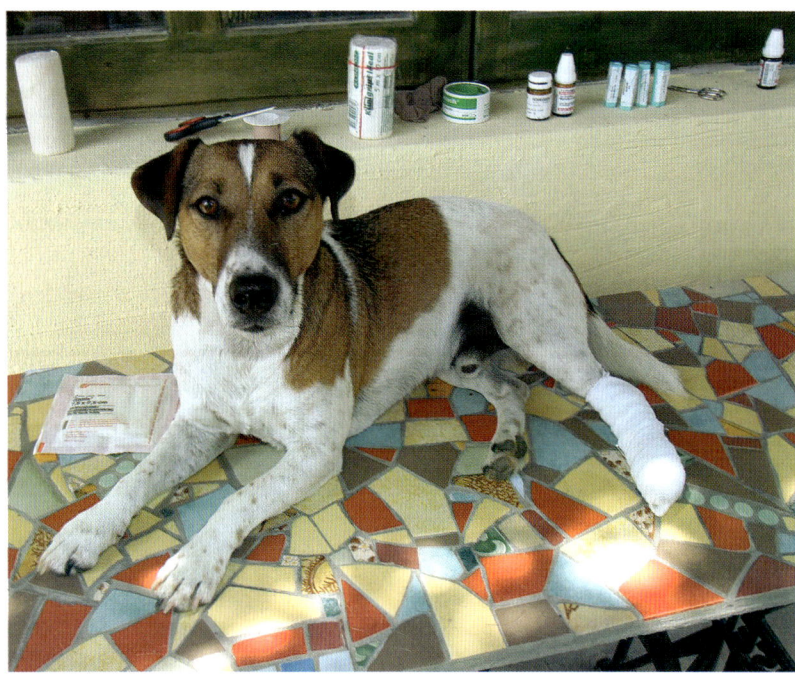

Bei Unfällen müssen in erster Linie die Verletzungen versorgt werden – danach können homöopathische Gaben die Wund- oder Knochenheilung vorantreiben.

Stich- und Schnittwunden

Ledum hilft bei punktförmigen Stichverletzungen durch Nägel, Nadeln oder Insekten. Die verletzte Stelle fühlt sich häufig kalt an und kalte Anwendungen lindern den Schmerz.

Staphisagria wird gegeben bei glatten Schnittwunden, die durch Glas oder auch bei Operationen entstehen. Sie trägt zur unkomplizierten narbenfreien Wundheilung bei.

Apis mellifica ist das potenzierte Gift der Honigbiene und wird nach Insektenstichen gegeben, die starke ödematöse Schwellungen zur Folge haben.

Knochenbrüche

Tierärztliche Hilfe ist im Falle eines Knochenbruchs so schnell wie möglich geboten, aber unter Umständen kann längere Zeit vergehen, bis sich ein Arzt um die Verletzung kümmern kann. In solchen Fällen ist das Unfallopfer auf Erste Hilfe angewiesen. Wichtig ist immer, den Bruch so wenig wie möglich zu bewegen, ihn ruhig zu stellen und, falls möglich, mit einer Schiene zu fixieren. Eventuelle Wunden müssen versorgt werden. Zusätzlich gibt es einige homöopathischen Arzneien, die in einer solchen Notfallsituation Linderung verschaffen können.

Arnica verabreichen, wenn Schmerzen, Blutergüsse und blauen Flecken bestehen, und die betroffene Stelle sehr schmerzhaft ist. Der Hund verträgt nicht die geringste Berührung oder Bewegung.

Hypericum anwenden, wenn es sich um einen Splitterbruch handelt, bei dem die empfindliche Knochenhaut oder anderes nervenreiches Gewebe verletzt wurde.

Calcium phosphoricum einsetzen, wenn die Knochenheilung, nachdem der Bruch eingerichtet wurde, zu langsam voran geht. Dieses Mittel kann die Bildung von neuem Knochengewebe anregen.

Symphytum hilft, wenn die Fraktur nicht heilt und stechende Schmerzen in der Knochenhaut bestehen.

Ruta verabreichen, wenn die Knochenhautschmerzen anhalten, nachdem der Bruch wieder geheilt ist, oder wenn sich Knötchen an der Knochenhaut bilden.

Vergiftungen

Anzeichen einer Vergiftung sind schwere Verdauungsstörungen mit Erbrechen und Durchfall. Sie können durch verdorbenes Futter oder nicht verträgliche Lebensmittel ausgelöst werden, aber auch durch Rattengift, Pflanzenschutzmittel oder Medikamentenmissbrauch. Die nachfolgenden Arzneien sind als Erste Hilfe gemeint, und werden alle viertel Stunde gegeben. Es sollte dringend ein Tierarzt zur Rate gezogen werden.

Arsenicum album hilft bei Vergiftungen durch verdorbenes Futter. Der Hund hat Erbrechen und Durchfall, ist verängstigt und ruhelos.

Okoubaka hat eine entgiftende Wirkung, indem es die Ausscheidungsfunktion der Leber stimuliert. Zur Drainage von Giftstoffen allgemein wird diese Arznei in tiefer Potenz D-2 oder D-4 gegeben.

Nux vomica ist eine Alternative zu *Arsenicum album*, wenn Durchfall und erbrechen von heftigen Krämpfen begleitet sind.

Lachesis bei Vergiftungen durch Cumarin-Präparate anwenden, welche die Blutgerinnung aufheben. Ratten- und Mäusegift enthalten diese Chemikalie. Die Vergiftung lässt sich an kleinen roten Flecken an Mundoder Augenschleimhaut erkennen.

Thuja hilft bei Vergiftungs- oder Unverträglichkeitssymptomen nach Impfungen.

Silicea bei Krämpfen nach Impfungen verabreichen.

Zerrung, Verrenkung, Verstauchung

Schwillt die betroffene Stelle schnell an, sieht sie anormal aus oder strahlt sie große Hitze ab, sollte auf jeden Fall schnellstmöglich ein Tierarzt aufgesucht werden. Die Homöopathie verfügt allerdings über einige sehr wirksame Arzneien, die bei dieser Art von Verletzungen Linderung und Heilung bringen können.

Arnica bei Überdehnungen oder ähnlichen schmerzhaften Verletzungen an Muskeln, Bändern oder Sehnen anwenden. Der Patient ist sehr empfindlich und hat Angst vor Berührung der betroffenen Stelle.

Ledum hilft bei Verstauchungen der Fußgelenke, wenn Kälte den Schmerz lindert.

Bryonia zeigt oft eine bessere Wirkung als *Arnica*, wenn die Muskulatur des Patienten überanstrengt wurde. Auch bei einem Muskelriss hat man die Wahl zwischen diesen beiden Mitteln. Man wählt *Bryonia*, wenn fester Druck die Beschwerden bessert, z. B. wenn sich der Hund auf die verletzte Stelle legt.

Rhus toxicodendron anwenden bei Muskel- und Gelenkschmerzen mit Versteifung und Beschwerden beim Gehen. Charakteristisch für diese Arznei ist die Verschlimmerung zu Anfang der Bewegung, also beim Aufstehen, und Besserung bei fortgesetzter Bewegung. Der Hund ist unruhig und wechselt ständig die Lage.

Ruta als Folgemittel geben, wenn die Schmerzen nach der Behandlung mit *Rhus toxicodendron* bestehen bleiben oder die Besserung zu langsam voran schreitet.

Hitzschlag

Ein Hund hat nur an den Pfoten und am Nasenspiegel Schweißdrüsen, daher sind die Möglichkeiten sich abzukühlen begrenzt. Nur durch Hecheln kann er sich Abkühlung verschaffen, aber bei warmem Wetter reicht das nicht aus. Er braucht Schatten oder Wasser.

Hat ein Hund nicht die Möglichkeit sich Kühlung zu verschaffen, steigt die Körpertemperatur über das normale Maß hinaus an und das kann lebensgefährlich sein. Lassen Sie ihren Hund deshalb im Sommer nicht im Auto

Sorgen Sie in jeder Situation für genügend Schatten, denn Hunde erleiden schnell einen Hitzschlag.

zurück, denn dort kann es bei geschlossenen Fenstern leicht über 50 °C heiß werden.

Einen Hitzschlag erkennt man oft erst Stunden nachdem der Schaden angerichtet wurde. Der Hund fällt plötzlich um, ist bewusstlos, hat schreckliche Atemnot und einen schnellen Pulsschlag.

Belladonna hilft bei Hitzschlag mit erweiterten, glänzenden Pupillen und stark pulsierenden Adern.

Glonoinum verabreichen, wenn der Hund schwer atmet, stierende Augen und eine weiße Zunge hat. Manchmal hält das Tier die Kiefer fest aufeinander gebissen. Es kann zum Erbrechen kommen, das durch Hirnsignale ausgelöst wird.

Natrium carbonicum anwenden bei Tieren, die generell keine Sonne und Hitze vertragen. Auch für die Behandlung von chronischen Beschwerden, die nach einem Sonnenstich bestehen bleiben.

Opium hilft bei komatösem Schlaf nach einem Hitzschlag.

69

Konstitutionstypen

Homöopathie eignet sich nicht nur zur Behandlung akuter Krankheiten, sie kann auch die gesundheitliche Verfassung von Grund auf sanieren. In diesem Fall sprechen wir von konstitutioneller Therapie, die als Kernstück der Homöopathie gilt und die einzigartige Möglichkeit bietet, auch chronische Leiden wirklich zu heilen. Um zu verstehen, wie diese konstitutionelle Therapie funktioniert, müssen wir zuerst einmal begreifen, wie Krankheit überhaupt entsteht.

Miasmenlehre

In der Homöopathie spielt die Theorie der Miasmen (griechisch: Verunreinigung) eine wichtige Rolle. Samuel Hahnemann forschte zwölf Jahre lang zum Thema „Krankheitsentstehung", bevor er seine wissenschaftlichen Erkenntnisse als Miasmenlehre veröffentlichte.

Darin kam er zu dem Schluss, dass die Prädisposition (Veranlagung) zu chronischen Leiden auf die Weitergabe bestimmter, nicht abgeheilter Krankheiten früherer Generationen zurückzuführen ist. Weil jede Generation ihre essentiellen Schwächen im Erbgut manifestiert und somit „ablagert", ist die vererbte Anfälligkeit schichtweise aufgebaut.

Nur das einzig richtige homöopathische Mittel kann heilen – es entspricht dem aktuellen Zustand des Patienten.

Sind bei einem Patienten viele dieser Schichten vorhanden, wird die Heilung relativ viel Zeit brauchen. Der Homöopath muss systematisch eine nach der anderen „abtragen", und zwar jeweils mit der Arznei, die dem aktuellen Zustand des Patienten entspricht.

Krank durch Unterdrückung

Neben vererbten Krankheiten und Anfälligkeiten gibt es auch chronische Leiden, die sich als Folge einer Unterdrückung in den Organismus einnisten. Ein einfaches Beispiel dafür ist das atopische Ekzem bei Säuglingen. Wird dieser unspezifische Hautausschlag mit Kortison behandelt, kommt es fast immer zu Asthma, einer wesentlich ernsteren Krankheit.

Unterdrückter Durchfall kann zu Rheumatismus führen, Unterdrückung von Hämorrhoiden ein Magengeschwür auslösen, ein unterdrückter Hautausschlag zu epileptischen Anfällen führen. Die Liste der Krankheiten, die entstehen können, wenn der natürliche Heilungsvorgang behindert wird, ist lang.

Die homöopathische Konstitutionsbehandlung bietet die Möglichkeit, sowohl vererbte, als auch durch Unterdrückung erworbenen Schwächen und Krankheiten zu lindern und zu heilen.

Konstitutionsmittel

Viele der über 400 gut geprüften Arzneien aus der täglichen Praxis werden nur bei lokalen oder organspezifischen Beschwerden angewendet. Einige Arzneien jedoch haben einen dermaßen umfassenden Wirkungsbereich, dass sie eine ganze Palette von Krankheiten zur Heilung bringen können. Hat eine Arznei dieses energetische Potential, auch tiefer liegende Anfälligkeitsschichten zu erreichen, bezeichnen wir sie als Konstitutionsmittel.

> **Info**
>
> Eine Patientin fragte mich, ob ich ihrer 9 Jahre alten Hündin homöopathisch helfen konnte. Das Tier hatte in relativ kurzer Zeit viele Warzen bekommen, die nicht mehr verschwanden. *Thuja*, eines der Hauptmittel bei Warzen und die erste Arznei, die ich verschrieb, zeigte keine Wirkung. Dann erzählte die Frau, ihre Hündin sei „verrückt nach Essiggurken" und außerdem „tanze sie gern". Dabei, so die Frau, stellte sich ihr Hund auf die Hinterpfoten und hüpfte im Zimmer herum. Warzen, Verlangen nach Saurem und Besserung durch Tanz sind drei klare *Sepia*-Symptome. Die Hündin bekam diese tief wirkende Arznei und drei Wochen später waren sämtliche Warzen restlos verschwunden. *Sepia* war offensichtlich ihr Konstitutionsmittel.

Pulsatilla z. B. ist eine konstitutionell wirkende Arznei, die in der täglichen homöopathischen Praxis häufig verschrieben wird, unter anderem bei **71**

Die Praxis zeigt, dass sich die Prüfungsergebnisse konstitutionell wirkender Mittel beim Menschen gut auf den Hund übertragen lassen.

Mittelohrentzündungen. Bei dieser Erkrankung zeigt sich auf eindrucksvolle Weise, wie eine einzige, passend gewählte Arzneigabe die manchmal schon seit Jahren bestehende Anfälligkeit auf einmal und für immer verschwinden lässt.

Das bedeutet aber nicht, dass *Pulsatilla* als Universalmittel bei Mittelohrentzündung betrachtet werden kann, sondern lediglich, dass viele Patienten dieses Konstitutionstyps eine Anfälligkeit für diese Krankheit haben. Wird die Krankheit homöopathisch geheilt, wird auch die Anfälligkeit überwunden und die gesundheitliche Verfassung auf einen höheren Plan gehoben.

Das homöopathische Mittelbild jeder Arznei stellt sich aus den geprüften und wiederholt bestätigten Symptomen zusammen. Bei den tief wirkenden Konstitutionsmitteln umfasst es nicht nur eine Menge körperlicher Symptome, sondern auch eine Vielzahl von Eigentümlichkeiten auf der psychisch-emotionalen Ebene. So liest sich das homöopathische Mittelbild einer Arznei wie die Beschreibung eines Menschen oder Tieres, mit allen seinen Stärken und Schwächen.

Den Hund im Mittelbild erkennen

Nur in wenigen Fällen wurden homöopathische Arzneien von Tieren geprüft, fast die gesamte Materia medica basiert auf Prüfungsergebnissen von Testpersonen. Die Praxis zeigt aber, dass sich nicht nur die Mittelbilder rein lokal wirkender Arzneien erfolgreich auf den Hund übertragen lassen, sondern die der konstitutionell wirkenden Mittel ebenfalls. Gelingt es, das Konstitutionsmittel eines Hundes zu erkennen, ist dieses in vielen Fällen einer lokal wirkenden Arznei vorzuziehen, weil es die Gesamtverfassung positiv beeinflusst.

Arsenicum album

Ruhelosigkeit, Schwäche und Ängstlichkeit kennzeichnen die psychische Ebene dieser Arznei. Hunde dieses Konstitutionstyps zeigen sich vorsichtig, wählerisch und sehr auf Ordnung und Sauberkeit bedacht. Auf Grund ihrer Furchtsamkeit haben sie ein starkes Verlangen nach Gesellschaft. Die für *Arsenicum album* typische Ruhelosigkeit ist nachts deutlicher bemerkbar als tagsüber.

Die Hunde sehen älter aus als sie sind. Ihre Haut ist trocken und ungesund, es kommt zu Ekzemen mit heftigem Juckreiz und das Fell macht oft einen sehr fettigen Eindruck. Schwachpunkt bei dieser Konstitution ist der Verdauungstrakt. Schlecht bekömmliche Nahrung löst Erbrechen und Durchfall aus, wobei die Ausscheidungen faulig oder aashaft riechen. Die heftigen Magen-Darmbeschwerden führen zu Erschöpfung.

Info

Auf einen Blick:
- Ängstlichkeit und Ruhelosigkeit
- verlangen nach Gesellschaft
- Durst, mit häufigem Trinken kleiner Mengen
- scharfe, wund machende Absonderungen
- Verschlimmerung nachts und durch Kälte
- Besserung durch Wärme

Calcium carbonicum

Der Hund, der *Calcium carbonicum* braucht, macht den Eindruck für alles etwas mehr Zeit zu brauchen als andere Hunde. Die Zahnung setzt verspätet ein, mit seinen ersten Schritten lässt er sich Zeit und was Bewegung betrifft, lässt er es gerne gemütlich angehen.

Hunde dieses Konstitutionstyps haben meist einen großen Kopf, sind stämmig gebaut mit kräftigen Knochen und wirken deshalb etwas schwerfällig. Schon bei geringer Anstrengung hecheln sie. Es sind gutmütige, umgängliche Hunde, die aber ihren eigenen Willen haben und deshalb häufig eigensinnig und stur erscheinen.

In den ersten Lebensjahren ist diesen Hunden schnell zu warm und sie suchen sich gerne eine kühle Stelle, um sich von den Anstrengungen des Lebens zu erholen. Später werden sie empfindlicher gegen Kälte, was dann oft zu Infektionserkrankungen führen kann.

Calcium phosphoricum

Kalziumphosphat ist ein Salz, das sich aus Kalzium und Phosphor zusammensetzt. Auch die homöopathisch aufbereitete Form dieses Salzes zeigt ihre Hauptwirkung nur bei einem ganz bestimmten Hundetyp.

Ein Hund, der *Calcium phosphoricum* braucht, wächst sehr schnell, und daher rühren die meisten seiner Problemen. Das schnelle Wachstum der Glieder und des Gewebes raubt dem Tier soviel Kraft, dass es geschwächt und anfällig für Erkrankungen wird. Zwar werden die Glieder lang und schlank, der Brustkorb hoch und schmal, an anderer Stelle jedoch fehlt es deutlich an Gewebesubstanz.

Vom Temperament her sind diese Hunde verspielt, aber schnell ängstlich und nervös. Weil sie sehr empfindlich auf Kälte und Abkühlung reagieren, besteht eine starke Neigung zu Mandel-, Rachen- und Lymphknotenentzündungen.

Graphites

Diesem, meist in die Jahre gekommenen Hund fehlt es an Selbstvertrauen, was ihn unentschlossen, schüchtern und übellaunig macht. Er ist gefräßig, übergewichtig und neigt zu Verstopfung und Blähungen. Trotz seines Fettpolsters ist er empfindlich gegen Kälte und lässt sich deshalb gerne zudecken.

Auffallend bei diesem Konstitutionstyp ist die ungesunde Haut, die vor allem in den Hautfalten, Gelenkbeugen und hinter den Ohren zu trockenen, rissigen Ekzemen und Ausschlägen neigt. Die Absonderungen solcher Exanthemen sind meist klebrig oder honigartig. Abschürfungen, aufgesprungene Haut oder Risse entstehen meist an Stellen, wo Haut in Schleimhaut übergeht, also an Augen-, Nasen- und Mundwinkeln oder am Anus.

Auf einen Blick:
- unentschlossen, schüchtern, launisch
- frostig
- ungesunde, rissige Haut
- gefräßig und fettleibig
- Verstopfung und Blähungen

Lycopodium

Bei dieser Arznei spielt auf psychischer Ebene die Behauptung des sozialen Status eine wichtige Rolle. Machtliebe und Feigheit treten im Wechsel gegeneinander an, was diesen Konstitutionstyp zu einem wechselhaften, oft unberechenbaren Zeitgenossen macht.

Auf dem Hundeplatz ist *Lycopodium* daran zu erkennen, dass er sich Artgenossen seiner eigenen Statur gegenüber freundlich verhält, während er die Kleineren und Schwächeren zu schikanieren versucht. Kritik verträgt er schlecht, was ihn häufig reizbar und jähzornig macht, wenn er zurechtgewiesen oder bestraft wird.

Körperlich ist vor allem die Leber- und Nierenfunktion beeinträchtigt, was zu launenhaftem Appetit und Verdauungsstörungen führt. Obwohl der Hund Hunger zu haben scheint, ist er schon nach einigen Bissen satt und versucht erst lange Zeit später noch mal, den Napf leer zu fressen.

Auf einen Blick:
- Neigung zu Blähungen
- Unverträglichkeit von Fett
- verlangen nach Süßigkeiten
- Haarbruch, besonders zwischen den Schultern
- Verschlimmerung durch Liegen auf der rechten Seite

Natrium muriaticum

Weil bei diesem Konstitutionstyp die Furcht vor Ablehnung eine zentrale Rolle spielt, ist klar, dass er sich im täglichen Leben nicht all' zu weit aus dem Fenster lehnt. Er ist eher Zuschauer als Akteur und braucht nicht unbedingt die Gesellschaft anderer, um sich glücklich und zufrieden zu fühlen.

Der Hund mag es lieber, wenn man seinetwegen nicht allzu viel Aufhebens macht. Er ist eigenwillig und kann sich Artgenossen gegenüber **75** recht aggressiv verhalten. Zu seinem Besitzer ist er loyal und offen, sind aber andere Leute in der Nähe, zeigt er sich eher scheu und unzugänglich. Wenn diese Fremden dann auch noch mit Streichelversuchen auf ihn losgehen, kann es gut sein, dass er zornig wird und um sich beißt, um die gewünschte Distanz wieder herzustellen.

Natrium muriaticum-Typen zeigen oft aggressives Verhalten bei zu viel Nähe.

Die für diesen Konstitutionstyp charakteristischen Beschwerden können Folge einer zu salzhaltigen Fütterung sein. *Natrium muriaticum* wird aus Kochsalz hergestellt, und die Prüfungen zeigen, welche Leiden dieses Lebensmittel auslösen kann.

Natrium-Hunde haben häufig eine trockene Haut und ein struppiges, stumpfes Fell. Die Sonne wird schlecht vertragen, und deshalb suchen sie sich lieber einen schattigen Platz. Auffallend bei diesem Konstitutionstyp ist das Tränen der Augen, was zu Irritationen führen kann, weil die Tränenflüssigkeit scharf ist und beißt.

Info

Auf einen Blick:
- eigenwillig, braucht eine feste Hand
- aggressives Verhalten bei zu viel Nähe
- großer Durst
- klare, scharfe Absonderungen
- verlangen nach Salz
- Verschlimmerung in der Sonne
- Verbesserung im Freien

Nux vomica

Diese Hunde sind echte Draufgänger, die es allen gerne zeigen und vor allem hören lassen, wer das Sagen hat. Es wird viel gebellt, die Tiere können heftig, jähzornig und kampflustig sein und sind manchmal kaum noch zu beruhigen. Echt falsch oder hinterhältig sind sie aber nicht, eher geht das **76** Temperament etwas schnell mit ihnen durch.

Nux vomica-Hunde haben hat ein dünnes Nervenkostüm, was sich an der Überempfindlichkeit gegen äußeren Eindrücken erkennen lässt. Leise Straßengeräusche oder Musik können ihn richtig ärgern und zu Wutausbrüchen führen, ein lauter Knall dagegen wird öfters ohne Murren hingenommen.

Körperlich ist die Verdauung bei diesem Konstitutionstyp eine charakteristische Schwachstelle. Der Hund hat häufig Magenbeschwerden, die von Würgen und Erbrechen begleitet sind. Ein bis zwei Stunden nach der Fütterung ist der Bauch richtig aufgebläht. Weil die Speiseröhre zugeschnürt ist, versucht er vergebens aufzustoßen. Auch der Kotabsatz gelingt, trotz Anstrengung, nur mühsam oder gar nicht.

Nux vomica neigt sehr zu Krämpfen und Spasmen, nicht nur von inneren Organen, sondern auch von der Muskulatur des Bewegungsapparats. Es ist deshalb das wichtigste Mittel bei Bandscheibenvorfall, wenn die Bauchmuskulatur plötzlich bretthart wird und die Hinterhand lahmt.

Auf einen Blick:
- streitsüchtig, reizbar, ungeduldig
- empfindlich gegen äußeren Eindrücke
- Verdauungsstörungen mit Verstopfung
- erfolgloser Drang
- Krämpfe, Spasmen
- Bandscheibenvorfall
- Verschlimmerung in der Kälte
- Verbesserung durch Wärme

Phosphorus

Extrovertiert, ausdrucksvoll und mitfühlend sind Tiere dieses Konstitutionstyps. Es besteht ein starkes Bedürfnis nach Gesellschaft, und das macht den *Phosphorus*-Hund, zusammen mit seiner freundlichen Natur, zu einem liebenswerten Kamerad. Dieser Hund braucht Abwechslung. Die Erwartungsspannung ist ihm anzusehen, wenn gespielt werden soll, oder wenn man die Leine zum Spaziergang nimmt. Er liebt Kinder, weil sie ähnlich verspielt sind wie er selbst.

Hunde dieses Konstitutionstyps sind sehr sensibel und leicht zu beeindrucken. Angst vor Gewitter ist typisch für *Phosphorus* und diese Tiere verkriechen sich dann gerne in die Nähe des Menschen. Manche zeigen ihre Überempfindlichkeit aber auch, indem sie Blitz und Donner laut bellend entgegen rennen.

Phosphorus-Hunde spielen und bewegen sich gern, sind aber auch schnell müde. Sie brauchen öfters eine kurze Verschnaufpause, um sich zu erholen. Kommen sie an einem warmen Tag vom Spazieren zurück, brauchen sie als erstes Wasser, um den Durst zu löschen. Mein heutiger Hund

77

Phosphorus-Hunde lieben das Wasser und schätzen nach dem Spaziergang ein erfrischendes Bad.

Jack, ein Jack Russel, den ich als *Phosphorus*-Typ einschätze, legt sich dann auch gerne in eine kleine Badewanne, die im Garten steht.

Das Ziehen an der Leine ist diesen neugierigen und nervösen Hunden kaum abzugewöhnen. Haben sie keinen Geschirr, sondern werden sie am Halsband geführt, kann dieses Ziehen zu Kehlkopfentzündungen führen. Eine Gabe *Phosphorus* ist in diesen Fällen dann die richtige Therapie.

Info

Auf einen Blick:
- lebhaft, bewegungsfreudig, überempfindlich
- verlangen nach Gesellschaft
- verlangen nach kaltem Wasser und Besserung dadurch
- verlangen den Rücken massiert zu bekommen
- Neigung zu Blutungen
- kitzelig und unruhig bei der Untersuchung

Pulsatilla

Diese Arznei ist als Konstitutionsmittel überwiegend bei weiblichen Tieren angezeigt. Die Hündinnen sind meist gutmütig, gehorsam und anhänglich, manchmal auch unterwürfig und launisch. Vor der Läufigkeit können sie einen recht depressiven Eindruck machen.

Sie bleiben nicht gerne allein und können ihren Unmut darüber zeigen, indem sie alle möglichen Gegenstände zerbeißen. Kommen ihre Besitzer wieder zurück, werden diese überschwänglich begrüßt, auch wenn sie nur ganz kurz weg waren.

Es besteht eine deutliche Neigung zu Schleimhautentzündungen, vor allem im Bereich der Ohren, im Urogenital- und Magen-Darmtrakt. Diese Erkrankungen lösen reichliche, dicke Absonderungen aus, meist von gelbgrüner Farbe. Bei solchen Erkrankungen verhilft *Pulsatilla* Menschen und Tieren dieses Konstitutionstyps zu rascher Heilung der Beschwerden und auch zur Beseitigung der Anfälligkeit.

Fette Speisen werden schlecht vertragen und auch kaltes Futter oder Wasser können Probleme bereiten. Die Magen-Darmbeschwerden führen zu unangenehmem Mundgeruch und schleimigem Erbrechen. Kein Stuhl gleicht dem anderen.

Info

Auf einen Blick:
- gutmütig und anhänglich
- im Krankheitsfall fröstelig, ist aber trotzdem lieber im Freien
- Durstlosigkeit bei allen Beschwerden
- Zyklus zu spät, unregelmäßig einsetzend
- Zyklus zu lang, oder aber kaum erkennbar
- Verbesserung durch sanfte Bewegung

Sepia

Von der konstitutionellen Anwendung dieser Arznei profitieren vor allem ältere weiblichen Tiere. Die frühere Vitalität hat deutlich nachgelassen, die Hündin möchte lieber allein sein und zeigt sich gleichgültig gegenüber ihren Mitbewohnern im vertrauten Haus. Gestreichelt werden möchte sie gar nicht mehr gern, nur Ausgehen, in Bewegung sein, kann sie noch aufmuntern. Rüden tritt sie häufig ausgesprochen feindselig entgegen.

Sepia ist angezeigt bei Beschwerden, die in Verbindung mit hormonellen Umstellungen, wie Klimakterium, Sterilisation oder Kastration auftreten. Die Haut wird schlaff und bildet Falten, die Hündin bekommt einen Hängebauch mit langen, schlaffen Zitzen.

Weil auch auf der körperlichen Ebene ein gewisser Stillstand herrscht, kommt es zu Kreislaufstörungen, Verstopfung, oder die Schließmuskeln erschlaffen, was zu unfreiwilligem Kot- oder Urinabgang führt. Das Fell ist typischerweise filzig und struppig.

79

Auf einen Blick:
- müde gewordene ältere Tiere
- Gleichgültigkeit
- hormonell bedingte Beschwerden
- großer Mangel an Lebenswärme
- Verbesserung durch Beschäftigung, Bewegung
- Verbesserung durch Wärme

Silicea

Silicea ist die homöopathische Bezeichnung der Kieselsäure. Kieselsäure entsteht aus siliziumhaltigen Mineralien, die ein wesentlicher Bestandteil der Erdkruste sind. Auch im Getreidehalm findet man die Kieselsäure, die ihm seine Stabilität und Biegsamkeit verleiht. Mangelt es dem Halm an diesem Bestandteil, fehlt es ihm an Stützkraft, und die Ähre würde im Wind zerbrechen.

Ähnlich zeigt sich der Zustand des Tieres, das *Silicea* braucht, um im Leben bestehen zu können. Der Hund ist schwächlich und macht einen unterernährten Eindruck. Er ist ängstlich, schüchtern, nervös und überaus empfindlich gegen Wettereinflüsse. Vor allem Kälte und kaltes Wetter verträgt er schlecht.

Silicea wird angewendet, wenn das Wachstum stagniert. Das Knochengerüst entwickelt sich langsam und vor allem die Muskel- und Sehnenbänder zeigen Schwächen. Das grundsätzliche Problem ist nicht, dass im Körper zu wenig Kieselsäure vorhanden ist, sondern sie wird nicht richtig verwertet.

Die Haut ist ungesund, mit Neigung zu Ekzemen und hartnäckigen Eiterungen. Der Organismus scheint unfähig, Infektionen effektiv abzuwehren. Häufig kommt es zu Erkältungen, Bronchitis, Mandel- oder Mittelohrentzündungen.

Auf einen Blick:
- schüchtern, zaghaft, milde
- Mangel an Selbstvertrauen
- sehr empfindlich gegen Kälte
- Stuhl hart und trocken, Verstopfung
- Abszesse und Eiterungen
- durstig

Sulphur

Neigt ein Hund zu allen möglichen Hautbeschwerden, sollte man zuerst an diese Arznei denken. *Sulphur* hat einen ausgesprochenen Bezug zu Hautaffektionen verschiedenster Art, hilft aber nur, wenn die Beschwerden auch wirklich zum Mittelbild passen.

Hunde dieses Konstitutionstyps sind selbstbewusste, neugierige Tiere, die nichts unversucht lassen möchten. Sie scheinen sich überall wohl zu fühlen und leben anscheinend in der festen Überzeugung, die Welt gehöre ihnen. Sie benehmen sich häufig aufdringlich und ungeduldig, aber nicht in einer aggressiven Weise. Es sind Hunde, denen man öfters sagen möchte: „So mein Lieber, gib jetzt endlich mal 'ne Weile Ruhe".

Sulphur-Hunde haben einen starken tierspezifischen Geruch. Die Haut ist trocken und schuppig, das Fell eher fettig. Die Haut neigt zu trockenen Ekzemen, die stark jucken. Typisch für *Sulphur* ist ständiges Kratzen, so lange, bis die betroffenen Stellen blutig sind. Dort wo die Haut in Schleimhaut übergeht, also Augenwinkeln, Lippen, Nase, Scheide und After kommt es leicht zu Hautrötungen. *Sulphur* ist das wichtigste Mittel zur Behandlung unterdrückter Hautausschlägen.

Appetit haben diese Hunde immer. Wählerisch sind sie ganz und gar nicht, denn alles was ihnen vorgesetzt wird, fressen sie. Der Stuhl wechselt zwischen Durchfall früh morgens und Verstopfung tagsüber.

Bei einer Veranlagung zu allen möglichen Hautbeschwerden, sollte zuerst an Sulphur gedacht werden.

81

Ernährung und Diät

Von einigen extrem überzüchteten Rassen abgesehen, kommen die meisten Hundewelpen in der Regel bei guter Gesundheit zur Welt. Die Aufgabe des Hundehalters ist es, diese durch vernünftige Pflege, Ernährung und Erziehung zu festigen. Wird es dem Hund erlaubt Hund sein zu dürfen, lassen sich viele zivilisationsbedingte Gesundheitsprobleme schon erst einmal vermeiden.

Die meisten Krankheiten und Beschwerden entstehen durch eine falsche, nicht-artgerechte Ernährung. Diese belastet den Organismus in vielerlei Hinsicht und

Joghurt, Quark und Frischkäse sind gesund für Hunde.

führt zu Fehlentwicklungen und Organstörungen. Eine ausgewogene Versorgung mit lebensnotwendigen Nährstoffen, auf den konkreten Bedarf des Tieres abgestimmt, ist deshalb die Basis für ein gesundes Hundeleben.

Für die homöopathische Behandlung ist eine vernünftige Ernährung des Tieres ebenfalls wichtig. Es gilt ja, den Selbstheilungsprozess im Krankheitsfall mit einer richtig gewählten Dosis zusätzlicher Energie zu unterstützen. Wenn aber das natürliche Heilbestreben von krankmachenden oder krankheitserhaltenden Faktoren geradezu erdrückt wird, steht das einer Heilung sehr im Wege.

„Lebensweise"

Dr. Hahnemann bestand immer auf die strenge Einhaltung der von ihm vorgeschriebenen Diät während der Behandlung. Diät heißt aus dem Griechischen übersetzt „Lebensweise" und bezieht sich deshalb nicht nur auf die Ernährung. Beim Hund werden Sie keine Angst haben müssen, dass er bestimmte Diätregeln umgeht, wie es Menschen häufig tun. Er wird nicht heimlich aus der Kaffeekanne schlabbern oder lädierte Muskelgruppen belasten, die eigentlich eine Weile geschont werden sollten.

Ihr Hund weiß, was gut für ihn ist, und das sollten Sie respektieren. Zwingen Sie ihn nicht zu fressen, wenn er keinen Appetit hat, denn er kann auch Tage lang ohne Futter auskommen, ohne das es ihn schadet. Sorgen Sie nur dafür, dass er immer frisches Wasser hat.

Neigung zu Leberbeschwerden

Bei vielen Hunden besteht eine deutliche Anfälligkeit für Beschwerden, die mit einer gestörten Leberfunktion zusammenhängen. Der Hund ist dann einfach nicht gut drauf, er hat wenig Appetit und wenig Durst, ist abgeschlagen und gähnt häufig. In solchen Fällen ist es Zeit für eine radikale Futterumstellung, die am besten mit einer Reinigungskur eingeleitet wird. Hier empfiehlt sich die Kur nach Dr. Wolff, die sich außerordentlich bewährt und schon vielen Hunden zu neuer Vitalität verholfen hat.

Zuerst fasten

Die Reinigungskur beginnt mit 3 Tagen Fasten. An diesen 3 Tagen bekommt der Hund nur Wasser und jeden Abend ein mildes Abführmittel, damit sich der Darm vollständig entleert. Am 4. Tag bekommt er zur gewohnten Zeit eine kleine Mahlzeit, die aus folgenden Komponenten besteht:
• rohes Hackfleisch (nicht vom Schwein)
• rohe Haferflocken
• rohe geriebene Mohrrüben
• roher gehackter Salat.

Große Hunde bekommen von diesen Zutaten jeweils einen Esslöffel, kleine Hunde jeweils einen Kaffeelöffel. Mischen Sie die vier Komponenten gut durcheinander und stellen Sie dem Hund dieses Futter in seinem Napf hin. Die Portionen werden nun Tag für Tag um einen Löffel von jedem Bestandteil erhöht, bis die normale Futtermenge erreicht ist. Mindestens vier Wochen lang sollte der Hund diese Kost bekommen, ohne zusätzliche Leckerlis oder andere essbare Belohnungen. Der Hund wird es Ihnen mit neugewonnener Lebenskraft danken!

Adipositas (Fettleibigkeit) bei Hunden

Die übermäßige Bildung von Fettgewebe und die damit verbundene Gewichtszunahme verursachen auch bei Hunden zunehmend Gesundheitsprobleme. Zu wenig Bewegung und eine Überfütterung mit energiereicher Nahrung bringen den Energiehaushalt durcheinander und tragen wesentlich zur Fettleibigkeit bei.

Bei einem Übergewicht von mehr als 20 Prozent des Normalgewichtes spricht man von Adipositas. Mit zunehmendem Körpergewicht steigt das Risiko auf Kreislauferkrankungen, Verdauungsbeschwerden, Diabetes mellitus, Hautleiden und Fruchtbarkeitsstörungen.

Auch hormonelle Veränderungen, durch Kastration, Sterilisation oder durch eine Schilddrüsenstörung, können zur Adipositas beitragen. Diese Tiere haben einen erhöhten Appetit, aber der Energiebedarf ist gleich geblieben.

Auswirkungen auf das Skelett

Auch fütterungsbedingte orthopädische Schäden, vor allem bei den groß-wüchsigen Rassen, nehmen in der Tiermedizin an Bedeutung zu. Die Hauptwachstumsphase von Junghunden liegt in den ersten drei bis sechs Lebensmonaten. Bekommen die Tiere während dieser Periode zu viel Futter, wachsen sie zu schnell und erreichen ihre genetisch vorgegebene Endgröße früher als verhalten gefütterte Hunde.

Ein zu schnelles Wachstum wirkt sich nicht nur auf das Skelett, sondern auch auf den Hormonhaushalt aus. Empfindliche Wachstumsbereiche, wie z. B. die Gelenkknorpel, können durch die Überbelastung des noch nicht ausgereiften Bewegungsapparats in Form von Mikroverletzungen ernsthaft geschädigt werden. Ein gestörter Haushalt der Wachstumshormone wirkt sich ebenfalls auf die Entwicklung des Skeletts aus und kann bei entsprechend veranlagten Rassen, wie Schäferhunden und Labrador Retrievern, die Anfälligkeit für Hüftgelenksdysplasie verstärken.

> **Im Alter weniger Futter**
> Ältere Hunde, etwa ab dem 7. Lebensjahr, haben einen deutlich geringeren Energiebedarf als junge Tiere. Das sollte bei der Fütterung unbedingt berücksichtigt werden.

Die hundgerechte Diät

Verstehen wir Diät als Lebensweise, ist es unsere Pflicht, es dem Tier zu ermöglichen, seine Basisbedürfnisse auch tatsächlich zu erfüllen. Jeder Hund, egal welcher Rasse, braucht Bewegung. Er muss die Gelegenheit haben, seine Sinne zu schärfen und den sozialen Kontakt mit Artgenossen zu unterhalten.

Dazu kommt eine ausgewogene Fütterung, die auf den Energiebedarf des Hundes abgestimmt sein soll. Gewöhnen Sie ihren Hund daran, einmal die Woche einen Fastentag einzulegen, zum Beispiel immer sonntags. Der Hund passt sich dieser Umstellung ganz schnell an und der gelegentliche Verzicht wird ihm sichtlich gut tun.

Im Handel ist eine Vielfalt von Fertigfutter zu bekommen – so viel, dass sich mancher Tierhalter mit der Auswahl überfordert fühlt. Die Formel was teuer ist, ist auch gut für den Hund, stimmt nicht immer und unbedingt. Hingegen drängen sich bei Billigfutter oft Gedanken an Gammelfleisch und andere Schreckensmeldungen auf. Da sich schlechtes Futter häufig erst im Alter des Hundes bemerkbar macht, ist guter Rat wirklich teuer.

Selbst gekocht oder Fertigfutter?

Das zur Herstellung von Tiernahrung verwendete Fleisch sollte ausschließlich von frisch geschlachteten Tieren stammen, die veterinäramtlich für

84 den menschlichen Genuss tauglich erklärt wurden. Abfälle aus Wurst-

Ein großer Vorteil: Selbst gekochtes Futter enthält keine Konservierungsstoffe.

und Fastfoodfabriken oder Gammelfleisch haben im Hundefutter ebenso wenig zu suchen wie Gelee, Farbzusätze und chemische Lock- und Konservierungsstoffe. Die Haltbarkeit der Produkte sollte ausschließlich durch eine spezielle Kochung erzielt werden.

Fertigfutter hat den Vorteil, dass Sie sich nicht selbst darum kümmern müssen, ob Ihr Hund alle notwendigen Nährstoffe bekommt. Wie wir auch, braucht er Vitamine, Mineralstoffe, Ballaststoffe, und alles soll ausreichend und gut dosiert sein.

Das selbst gekochte Futter wiederum hat den Vorteil, dass Sie genau wissen, was Sie dem Hund geben und wie viel von allen Zutaten enthalten sind. Jedoch ist es nicht sehr einfach, ein ausgewogenes Futter herzustellen.

Futterzusammenstellung

Wie die meisten Raubtiere leben Hunde nicht nur von Fleisch allein, sondern brauchen auch pflanzliche Nahrungsanteile. In freier Wildbahn fressen die Tiere nicht nur Gras, Früchte und Gemüse in kleinen Mengen, sondern nehmen aus dem Darminhalt von Beutetieren auch pflanzliches Material auf.

In einem guten Alleinfutter müssen Vitamine, Ballaststoffe, Mineralien, Kohlenhydrate, Fette, Eiweiß und Wasser in ausgewogener Menge vorhanden sein. Weitere Zusatzstoffe (Nahrungsergänzungsmittel) sind bei einem guten ausgewogenen Futter nicht mehr notwendig.

Keinesfalls sollten Hunde vegetarisch ernährt werden, sie sind ja Fleischfresser und haben einen entsprechend kurzen Darm. Der Fleischanteil sollte bei 65 bis 70 Prozent liegen.

Mangelerscheinungen, wie weiche Knochen und struppiges Fell, können auf eine unpassende Zusammensetzung hinweisen. Auch Kotfressen ist meist ein Ausdruck von Mangelerscheinungen. Wenn Ihr Hund das Futter nicht gut verträgt, müssen Sie nach einem anderen Futter bzw. nach einer günstigeren Zusammensetzung suchen.

> **Futter nicht stehen lassen**
> Für Hunde jeden Alters gilt: Futter das länger als eine Viertelstunde steht, wird weggeräumt (in einer geschlossenen Dose in den Kühlschrank stellen) und wird erst am nächsten Tag wieder gegeben. Keinesfalls anderes Futter anbieten, weil es dem Hund vielleicht besser schmecken könnte!

Halbtrockenfutter

Halbtrockenes, vollwertiges Futter ermöglicht eine vollständige, ökonomische Ernährung und kann mit Getreideprodukten gemischt werden. Doch Vorsicht mit der Dosierung! Es ist viel kalorienreicher als Dosenfutter. Aufgrund seines relativ hohen Gehaltes an Kohlenhydraten eignet es sich für Gebrauchshunde, nicht aber für diabetische Hunde.

Premium- und Leistungsfutter

Solche Futtermittel sollten ausschließlich aus ausgesuchten und kontrollierten Rohwaren bestehen und zu Gunsten einer guten Verdaulichkeit und Verträglichkeit eine hohe Qualität und Energiedichte aufweisen. Der Begriff Premiumfutter ist jedoch nicht geschützt und so muss nicht unbedingt drin sein, was drauf steht.

Für Hunde, die mehr als gewöhnlich beansprucht werden (z.B. Schlittenhunde, Jagdhunde, Rennhunde oder Hündinnen, die tragen oder säugen), empfiehlt sich eine Futteroptimierung. Viele Hersteller bieten für solche Fälle spezielles Hochleistungsfutter mit einem höheren Energie- und Eiweißgehalt an. Keinesfalls sollte Leistungsfutter aber an den normalen Begleit- und Familienhund verfüttert werden.

Der alternde Hund

Kleine Hunde haben eine höhere Lebenserwartung als große, dementsprechend fängt das Altern auch unterschiedlich an. Bei den kleinen und mittelgroßen Rassen bis 25 Kilogramm treten mit etwa 7 Jahren die ersten Alterserscheinungen auf. Bei den großen Rassen bis 40 Kilogramm machen sich diese ab dem 6. Lebensjahr bemerkbar und bei den sehr großen und schweren Rassen noch ein Jahr früher.

Altern ist bekanntlich ein natürlicher Prozess, der sich kosmetisch vielleicht eine Weile überlisten lässt, aber im Wesen unumgänglich ist. Die Zellteilung verläuft langsamer, wodurch Gewebeschäden nicht mehr schnell genug repariert werden können, und die Durchblutung der Organe wird geringer, was zur allgemeinen Leistungsminderung führt.

Spuren des Alterns

Klare Zeichen des Älterwerdens sind Ergrauen, meist beginnend an Schnauze und Augen, eine eingeschränkte Beweglichkeit, ein zunehmendes Bedürfnis nach Ruhe, sowie eine Verschlechterung des Hör- und Sehvermögens. Kälte und Nässe werden nicht mehr so gut vertragen, weil sie die Gelenke steif machen.

Wichtig ist, dass der Hund geistig und körperlich in Bewegung bleibt und nicht lethargisch wird. Weil lange Spaziergänge zunehmend belastend werden, sollten sie den Hund lieber kürzer und dafür häufiger ausführen.

Tauzieh-Spiele machen dem Hund Spaß, halten ihn fit und wirken zahnreinigend. **87**

Sorgen Sie auch für genügend Beschäftigung, wie Ballspielen, Tauziehen oder das Durchlaufen eines Geschicklichkeitsparcours, den Sie für Ihren Hund aufbauen. Auch Suchspiele sind für Senioren besonders gut geeignet, weil die Nase auch in sehr hohem Alter meist noch gut funktioniert.

Das Altern homöopathisch begleiten

Fangen Sie mit einer Futterumstellung an, damit die Organe weniger belastet werden. Es ist zu empfehlen, den Fleischanteil im Futter zu halbieren und durch Milchprodukte, wie Joghurt, Frischkäse, Quark und gelegentlich einem Ei zu ersetzen.

Weiter kann die homöopathische Begleitung dem Hund einiges an gesundheitlichen Beschwerden ersparen. Wichtig ist, dass hiermit rechtzeitig angefangen und nicht abgewartet wird, bis die Selbstheilungstendenzen zu sehr reduziert sind. Verschaffen Sie sich ein genaues Bild über den Gesamtzustand des Hundes. Die Behandlung erfolgt nämlich konstitutionell und wird nur bei akuten Erkrankungen auf einzelne Symptome ausgerichtet. Empfohlene Dosis: einmal wöchentlich eine Gabe C-30 des jeweiligen Konstitutionsmittels.

> **Info**
>
> **Schulmedizin und Homöopathie kombinieren?**
> Oft hört man die Empfehlung, es sollte ein homöopathisches Mittel zur Unterstützung der schulmedizinischen Behandlung genommen werden. Das ist natürlich Unsinn. Homöopathie und Schulmedizin arbeiten nach völlig entgegen gesetzten Regeln und „beißen" sich deshalb in vielerlei Hinsicht. Eine doppelgleisige Behandlung macht nur Sinn bei Krankheiten, wo auf bestimmte Medikamente nicht verzichtet werden kann, z.B. bei Diabetes, Bluthochdruck oder Herzerkrankungen. Hier aber wird die schulmedizinische Behandlung nicht unterstützt, sondern die homöopathische Therapie trägt zur Heilung bei, was sich häufig in einer Reduzierung der benötigten Medikamenten bemerkbar macht. Ebenfalls macht es Sinn, notwendige Operationen homöopathisch nachzubehandeln. Generell ist zu empfehlen, eine medizinische Behandlung mit der sanft wirkenden Homöopathie anzufangen und erst bei ausbleibendem Erfolg zur Schulmedizin zu wechseln.

Ambra grisea

Das Mittelbild dieser Arznei vermittelt Schwäche und Erschöpfung, die den Patienten zittrig machen und ihm einen unsicheren Gang verpassen. Das Mittel wird häufig gebraucht in Fällen, wo der Alterungsprozess durch einen Schicksalsschlag plötzlich und frühzeitig eingesetzt hat.

Geringfügige Anlässe führen zu Beschwerden wie Hautjucken, Atmungs- und Kreislaufprobleme, Zuckungen oder Gefühllosigkeit. Es besteht Schwindel, vor allem morgens beim Aufstehen, und der Patient ist nervös, verwirrt und benimmt sich manchmal seltsam. So kann es sein, dass er auf einmal nicht mehr urinieren oder Kot absetzen kann, wenn jemand in der Nähe ist.

Tiere, die diese Arznei im Alter brauchen, sind meist stark abgemagert und können einen recht traurigen Eindruck machen. Sie leiden oft unter stark wechselnden Stimmungen, die mit wachsender Nervenschwäche zunehmen. In Anwesenheit von Fremden fühlt sich das Tier besonders unsicher und bleibt deshalb am liebsten für sich alleine.

Arnica

Wenn ein klares konstitutionelles Bild fehlt, aber die Beweglichkeit immer mehr nachlässt und Schmerzen verursacht, kann diese Arznei für Linderung sorgen. Der Hund wälzt sich ständig, weil ihm jede Unterlage zu hart ist und er immer wieder einen weichen Platz sucht. Er mag nicht berührt werden und kann verärgert auf Annäherung reagieren. Es ist auch ein wichtiges Mittel bei Hirnschlag, mit Bewusstlosigkeit und unfreiwilliger Entleerung aus Darm und Blase. In solch einem Notfall ist die Arznei zuerst in kurzen Abständen zu geben, danach, wenn der Patient wieder bei Bewusstsein ist, dreimal täglich.

Barium carbonicum

Es ist ein Mittel für die erste und die zweite Kindheit. Im frühen Leben wird es gebraucht, wenn die Entwicklung stagniert, und zum Lebensende, wenn die körperlichen und geistigen Funktionen deutlich nachlassen und auf ein „kindisches" Niveau zurück fallen.

Das Begriffsvermögen wird träger, der Hund scheint überfordert und versteht Kommandos, auf die er früher gut reagierte, plötzlich nicht mehr. Er wirkt ängstlich und versteckt sich, wenn jemand ins Zimmer kommt. Der psychische Verfall macht ihn langsam und unentschlossen.

Körperlich fällt eine große Empfindlichkeit gegen Kälte auf. Allerdings wird auch große Hitze schlecht vertragen, denn sie führt zu starken Blutwallungen zum Kopf hin, was einen Hirnschlag zur Folge haben kann. Typisch für diese Arznei ist auch eine rasselnde Atmung bei alten Hunden. Schwäche und Lähmung der Zunge kommen häufig vor, sowie eine mangelnde Tätigkeit des Rektums, was zu hartnäckiger Verstopfung führt.

Carbo vegetabilis

Trägheit, Schwerfälligkeit und Erschöpfung prägen das Mittelbild dieser Arznei. Der Puls ist schwach und unregelmäßig, jede kleine Anstrengung führt zu Blutwallungen und Atemnot. Der venöse Kreislauf funktioniert nicht richtig, das Blut scheint in den kleinen Gefäßen zu stocken, was zu Blaufärbung der Haut und Schleimhäute führt.

Es bestehen Verdauungsstörungen mit Magenverstimmung und Übelkeit, und eine auffallende Unverträglichkeit von Fett und Milch. Durch übermäßige Gasbildung ist der Bauch stark aufgetrieben, was durch Windabgang erleichtert wird. Wärme wird sehr schlecht vertragen, deshalb sucht sich der Hund am liebsten eine kühle Stelle.

Conium

Typisch für dieses Mittel sind eine allmählich fortschreitende Schwächung der Vitalität und die Neigung zu steinharten Drüsenschwellungen. Es ist eine der wichtigsten Arzneien bei Krebsleiden, vor allem, wenn das Drüsengewebe, wie Prostata, Eierstöcke oder Milchdrüsen, betroffen ist.

Der Patient verschließt sich nach und nach. Er wird immer introvertierter, isoliert sich und kann sogar eine richtige Abneigung gegen Gesellschaft entwickeln. Eine Ängstlichkeit ist nicht zu erkennen, es scheint, als möchte er mit seiner Erkrankung alleine fertig werden.

Lycopodium

Dieses wichtige Konstitutionsmittel (siehe Seite 75) kann, wenn es passt, auch im Alter für viel Erleichterung sorgen. Der Hund ist stark abgemagert, leidet an Leberbeschwerden, die einen schlechten Appetit und starke Blähungen verursachen. Er ist zittrig, ungeschickt in seinen Bewegungen und hat einen unsicheren Gang.

Opium

Diese Arznei kann bei bestimmten Alterserscheinungen, überwiegend in der letzten Lebensphase, von Nutzen sein. Die Funktionen des Organismus haben stark nachgelassen, die Lebenskraft zeigt einen Mangel an Reaktion und der Patient scheint sich in seine innere Welt zurückgezogen zu haben. Das instinktive Wahrnehmungsvermögen ist beeinträchtigt, was zu unerwartetem Handeln führen kann, und die vitale Reaktion ist stark eingeschränkt, was sich in einer Unberührtheit gegenüber äußeren Eindrücken bemerkbar macht. Typisch für diese Arznei sind Schmerzlosigkeit und übermäßige Schläfrigkeit mit schnarchender Atmung.

Sepia

Ein Mittel für in die Jahre gekommenen Hündinnen, vor allem wenn sie durch viele Geburten müde und ausgelaugt sind. Es besteht Gleichgültigkeit gegen die früher geliebten Hausgenossen, das Tier ist schnell gereizt, unkommunikativ und möchte in Ruhe gelassen werden. Mehr zu dieser Arznei lesen Sie im Kapitel „Konstitutionstypen" ab Seite 79.

Arzneien und ihre Modalitäten in alphabetischer Reihenfolge

In diesem Kapitel werden die charakteristischen Eigenschaften und essentiellen Merkmale der in diesem Buch beschriebenen Arzneien kurz und prägnant dargestellt.

Abrotanum (**Eberraute**): Wirkt auf Nerven und verursacht Taubheitsgefühle. Abmagerung trotz guten Essens. Schlaffe Haut, die Falten bildet. Große Schwäche, Zittern und Kraftlosigkeit. Verstopfung wechselt mit Durchfall. Speisen passieren den Darm unverdaut.
Verschlimmerung: durch kalte Luft und Nässe; nachts
Verbesserung: durch Bewegung

Acidum nitricum (**Salpetersäure**): Ausgeprägte Wirkung auf Stellen, wo Schleimhaut und Haut ineinander übergehen. Die Haut neigt zu Rissen und Fissuren. Sekrete sind scharf, dünn und verursachen Hautrötungen. Blutende, juckende, große, weiche und feuchte Warzen. Es besteht großer Mangel an Lebenswärme, deshalb viel Frösteln.
Verschlimmerung: durch Berührung; durch Erschütterung; bei Kälte
Verbesserung: durch sanfte Bewegung beim Fahren im Wagen; durch festen Druck; durch Wärme

Aconitum (**Sturmhut**): Plötzlich und heftig einsetzende Beschwerden. Der Patient ist ängstlich ruhelos. Erkrankungen durch Schreck und durch kalten, trockenen Wind. Als konstitutionell wirkendes Folgemittel wird häufig *Sulphur* gebraucht.
Verschlimmerung: bei Schreck, Schock und Kälte; nachts
Verbesserung: im Freien; bei Ruhe; durch Schwitzen

Die charakterlichen Eigenschaften eines Hundes geben wichtige Hinweise zur Ermittlung der richtigen Medizin.

91

Agaricus (**Fliegenpilz**): Wirkt auf Gehirn und Rückenmark und verursacht unwillkürliche Bewegungen, Ungeschicklichkeit, Krämpfe, Zittern und Zucken. Sehr empfindlich gegen Kälte.
Verschlimmerung: bei kalter Luft; bei Frost; durch Druck auf die Wirbelsäule
Verbesserung: durch sanfte Bewegung

Allium cepa (**Zwiebel**): Besonders betroffen sind die Schleimhäute von Nase, Augen, Kehlkopf und Darm. Die Absonderungen aus der Nase sind scharf, brennend und wund machend, der Tränenfluss ist mild.
Verschlimmerung: im warmen Zimmer
Verbesserung: im Freien; bei kühler Luft

Alumina (**Aluminiumoxid**): Wirkt auf das Nervensystem und löst Lähmungen und Koordinationsstörungen aus. Haut und Schleimhäute sind trocken und verursachen Verstopfung und chronischen Husten. Überwiegend bei älteren und geschwächten Tieren angezeigt. Stärkehaltige Nahrung, besonders Kartoffeln, werden nicht vertragen.
Verschlimmerung: durch Zimmerwärme; durch körperliche Anstrengung; bei trockenem Wetter
Verbesserung: abends; im Freien; durch langsame Bewegung; bei feuchtem Wetter

Antimonium crudum (**Schwarzer Spießglanz**): Für Tiere, die zum Dickwerden neigen. Es sind starke Esser und haben häufig ein Verlangen nach sauren Sachen. Es bilden sich abnorme Wucherungen an der Haut. Krallen sind dick und gespalten.
Verschlimmerung: durch kaltes Baden; bei Sommerhitze; bei Strahlungswärme
Verbesserung: im Freien; durch warmes Baden; durch Ruhe

Antimonium tartaricum (**Brechweinstein**): Die Schleimhäute der Luftwege sind gereizt und es bestehen große Schleimansammlungen. Lautes Rasseln ist zu hören, der Auswurf ist jedoch spärlich. Schläfrigkeit und zunehmende Schwäche. Möchte in Ruhe gelassen werden.
Verschlimmerung: bei Hitze; im warmen Zimmer
Verbesserung: bei kalter Luft; im Freien

Apis (**Gift der Honigbiene**): Wirkt auf das Zellgewebe. Ödematöse Schwellungen sind zu erkennen. Es besteht eine sehr starke Berührungsempfindlichkeit. Brennende und stechende Schmerzen, die plötzlich auftreten und den Patienten aufschreien lassen. Durstlosigkeit bei fast allen Beschwerden.
Verschlimmerung: durch Wärme; durch Berührung; durch Druck
92 **Verbesserung**: bei Kälte und kühler Luft; durch kühles Baden

Das Gift der Honigbiene ist, homöopathisch aufbereitet, eine wirksame Arznei.

***Argentum nitricum* (Silbernitrat):** Betroffen sind überwiegend das Nervensystem und die Schleimhäute. Ängstlichkeit und Erregung lösen Durchfall aus. Angezeigt bei vorzeitig gealterten Hunden und Abmagerung mit Schwäche und Zittern. Die Bindehaut der Augen ist stark geschwollen, rot und sondert ein eitriges Sekret ab.
Verschlimmerung: bei Angst; bei Erwartungsspannung
Verbesserung: durch Kälte und kaltes Baden; durch festen Druck; durch Zusammenkrümmen

***Arnica* (Bergwohlverleih):** Eines der wertvollsten Mittel bei Verletzungen, physischer und psychischer Natur, auch bei länger zurückliegenden Traumata. Bei Verletzungen des Bindegewebes mit Blutergüssen. Der Körper ist überempfindlich und es besteht große Angst vor Berührung. Ständiger Wechsel der Lage, weil jede Unterlage als zu hart empfunden wird. Nach schweren Geburten, wenn Wundheit der inneren Organe besteht.
Verschlimmerung: bei Verletzung, Prellung, Quetschung; durch Berührung
Verbesserung: durch Liegen mit dem Kopf nach unten

***Arsenicum album* (Arsentrioxid):** Nervöses und ängstliches Verhalten. Plötzliche große Schwäche mit Frösteln. Brennende Schmerzen. Großer Durst auf kaltes Wasser, aber es werden immer nur kleine Mengen auf einmal getrunken. Akute Magen-Darmerkrankungen und Durchfall durch verdorbene Speisen mit rapider Entkräftung und Ruhelosigkeit. Ekzeme, die sich im Winter verschlimmern und im Sommer bessern. Scharfe, wundmachende Absonderungen. Angezeigt bei vielen Krebsleiden.
Verschlimmerung: bei Kälte, kalten Getränken und kaltes Essen; um oder nach Mitternacht; durch körperliche Anstrengung
Verbesserung: bei Wärme und warmen Anwendungen; bei Gesellschaft

***Asa foetida* (Stinkasant):** Der Hund ist extrem nervös und überempfindlich. Anschwellung der Brustdrüsen und Milchbildung bei nicht trächtigen Hündinnen. Mangel an Milch einige Tage nach der Geburt.

93

Barium carbonicum (**Bariumcarbonat**): Beschwerden der „ersten und zweiten Kindheit". Bei den Jungen sind Wachstum und Entwicklung zurückgeblieben, bei den Alten steht verfrühte Senilität im Vordergrund. Der Körper magert ab. Vergrößerung oder Verhärtung von Prostata und Hoden.

Belladonna (**Tollkirsche**): Wirkt auf Gehirn und Nervenzentren. Verursacht rasche Blutwallungen und ist damit eines der Hauptmittel bei akuten entzündlichen Prozessen, wo die Abwehrkräfte des Immunsystems schnell transportiert werden müssen. Plötzlich und heftig auftretende Beschwerden. Klassische Entzündungszeichen sind Rötung, Schwellung, Hitze, Schmerz. Heftige Gemütssymptome.
Verschlimmerung: durch Zugluft; durch Erhitzung sowie Sonnenhitze; durch Bewegung; durch Berührung; bei Erschütterung; durch Druck; durch helles Sonnenlicht
Verbesserung: in Ruhe; beim Dehnen, Biegen oder Krümmen des betroffenen Körperteils

Bellis perennis (**Gänseblümchen**): Hat eine ähnliche Wirkung wie *Arnica*. Es ist ein großes Mittel bei Verletzungen, vor allem wenn tiefere Gewebe, wie Bauch- und Beckenorgane, betroffen sind. Diese Arznei wird gegeben, wenn das Gesäuge der Hündin durch Prellung verletzt wurde und sich dort ein Blutstau bildet. Ebenfalls, wenn die trächtige Hündin nicht gehen kann, weil vielleicht die Bauchmuskeln überdehnt sind, oder die Gebärmutter durch das Strampeln der Welpen gequetscht wurde.

Gänseblümchen wirken homöopathisch aufbereitet ähnlich wie Arnica.

Verschlimmerung: durch Berührung; bei Operationen
Verbesserung: durch fortgesetzte Bewegung; durch kalte lokale Anwendungen

Bryonia (**Weiße Zaunrübe**): Beeinflusst vor allem die so genannte Serosa, also das organbekleidende Gewebe, das für das reibungslose gegeneinander Bewegen verschiedener Körperteile zuständig ist. Man findet es z. B. in Gelenken und im gesamten Brust- und Bauchraum. Verursacht große Trockenheit und deshalb Schmerzen bei jeder Bewegung. Es besteht starker Durst auf große Mengen. Mastitis bei säugenden Hündinnen, mit steinhartem, heißem, blassrotem Gesäuge. Jede Bewegung ist sehr schmerzhaft. Bei Gelenksverletzungen, wenn fester Druck bessert. Verstopfung, mit trockenem, hartem und dunklem Kot.

Verschlimmerung: durch geringste Bewegung; morgens; beim Aufstehen; bei Erhitzung; durch warmes Zimmer

Verbesserung: bei absoluter Ruhe; durch Liegen auf der schmerzhaften Seite; bei festem Druck; durch kühle und frische Luft

Die „Königin der Nacht", eine Kakteenart, wirkt auf Herz und Kreislauf.

Cactus grandiflorus (**Königin der Nacht**): Wirkt auf Herz und Kreislauf. Es besteht das Gefühl, so stark zusammengeschnürt zu sein, dass das Herz keinen Platz zum Schlagen hat.

Verschlimmerung: beim Liegen auf der linken Seite; durch Anstrengung; durch Gehen

Verbesserung: im Freien; durch Druck oben auf den Kopf

Calcium carbonicum (**Austernschalenkalk**): Beeinflusst den Calcium-Stoffwechsel und ist deshalb häufig im frühen Lebensalter angezeigt. Verspätete körperliche Entwicklung, mit Tendenz zum Dickwerden. Die ausgeprägte Erkältungsneigung führt leicht zu Infektionen, häufig durch Abkühlung oder nasskaltes Wetter. Es besteht eine übermäßige Vorsichtigkeit oder Ängstlichkeit in vielen Situationen. Als eines der wichtigsten Konstitutionsmittel deckt dieses homöopathische Mittel praktisch jedes Krankheitssymptom ab.

Verschlimmerung: bei Kälte; Anstrengung; Zahnung; Milch

Verbesserung: durch trockenes Wetter; durch Liegen auf der schmerzhaften Seite

Calcium phosphoricum (**Calciumphosphat**): Wirkt auf die Ernährung der Knochen, Drüsen und Lymphknoten. Abmagerung mit Unfähigkeit zu stehen. Verlangen nach merkwürdigen, unverdaulichen Sachen.

Verschlimmerung: bei Wetterwechsel; Schneeschmelze; Zahnung

Verbesserung: im Liegen; bei sonnigem, warmem Wetter

Calcium sulphuricum (**Calciumsulphat**): Starke Neigung zu Eiterungen und Abszessen. Wenn ein Abszess geöffnet wurde und sich Eiter zeigt, wird diese Arznei für den problemfreien und restlosen Abtransport des Sekrets gebraucht. Die Absonderungen sind dick, gelb, klumpig.

95

Verschlimmerung: durch Zugluft, Kälte, Nässe; aber auch durch warmes Einhüllen oder ein warmes Zimmer
Verbesserung: im Freien; durch frische Luft

Calendula **(Ringelblume):** Für schmerzhafte, offene, aufgerissene oder eiternde Fleischwunden. Es beugt drohenden Infektionen und exzessiven Eiterungen vor. Auch angezeigt bei Wundliegen. Sehr nützlich beim Versorgen von Riss- und Schnittwunden, indem die betroffene Stelle mit einer schwachen *Calendula*-Lösung feucht gehalten wird.

Camphora **(Kampfer):** Totale Schwäche, eisige Kälte, Krämpfe und Angst sind die Leitsymptome dieser Arznei. Plötzliches Absinken der Lebenskräfte. Kampfer sollte als Tinktur nicht in der Nähe von homöopathischen Arzneien aufbewahrt werden, denn es antidotiert fast alle potenzierten Mittel.

Cannabis sativa **(Hanf):** Bei schmerzhafter Blasen- und Harnröhrenentzündung. Das Wundheitsgefühl veranlasst den Patienten, breitbeinig zu gehen. Hartnäckige Verstopfung begleitet von Harnverhalten.

Cantharis **(Spanische Fliege):** Wirkt auf die Harn- und Geschlechtsorgane und zeigt als Prüfungssymptom akute, heftige Entzündungen. Die Schmerzen sind brennend, schneidend. Plötzlicher Harndrang verursacht Jucken in der Harnröhre. Die Blasensymptome sind häufig von einem übermäßigen sexuellen Verlangen begleitet.
Verschlimmerung: beim Urinieren; durch Trinken; kaltes Wasser
Verbesserung: durch Reiben; bei Wärme; durch Ruhe

Carbo animalis **(Tierkohle):** Eine Arznei für gealterte Tiere, die bereits stark an Kraft eingebüßt haben.
Hierbei besteht die Tendenz zu langsamen und schmerzhaften Prozessen, mit einer Neigung zu Bösartigkeit. Drüsen- und Lymphknotentumore, Krebserkrankungen im Genitalbereich. Extreme Auftreibung des Abdomens mit Gasansammlung vor allem nach Operationen.

Holzkohle wird homöopathisch aufbereitet zur wirkungsvollen Medizin bei mangelnder Vitalität.

Carbo vegetabilis (**Holzkohle**): Wirkt überwiegend auf die Schleimhäute im Verdauungstrakt und auf den venösen Kreislauf. Der Patient hat wenig Vitalität, entweder aus Altersgründen, oder durch eine erschöpfende Erkrankung. Eine wichtige Arznei bei Schock mit kaltem Körper und kaltem Atem. Der Patient möchte frische Luft zugefächelt bekommen. Bei Beschwerden im Verdauungstrakt bestehen Fett- und Milchunverträglichkeit und übermäßige Gasbildung.
Verschlimmerung: bei Wärme; durch Überfütterung
Verbesserung: durch Aufstoßen; durch kühle Luft

Caulophyllum (**Blauer Cohosch**): Besonders geeignet für Beschwerden während der Schwangerschaft/Trächtigkeit. Die Geburt kommt nicht voran, weil sich der Muttermund verkrampft. Die Wehen sind extrem schmerzhaft und unwirksam. Diese Arznei erleichtert die Geburt, wenn die Hündin durch zu langes Pressen erschöpft ist.

Causticum (**Hahnemann-Tinktur**): Bestimmte akute Erkrankungen der unteren Atemwege verlangen nach diesem Mittel. Es kommt zu Bronchitis mit Husten, wobei hinter dem Brustbein ein wundes und rohes Gefühl entsteht. Es sammelt sich Schleim, aber der Patient kann nicht tief genug husten, um ihn auszuwerfen. Angezeigt bei Warzen, groß, gezackt, leicht blutend oder Feuchtigkeit absondernd, aber auch bei kleinen Warzen, die sich überall am Körper befinden. Ebenfalls angezeigt bei Blasenschwäche nach Operation.
Verschlimmerung: durch trockenkalte Luft; abends
Verbesserung: durch kleine Schlucke kaltes Wasser

Chamomilla (**Kamille**): Hat eine deutliche Wirkung auf das Nervensystem. Streitsucht, Zorn und Reizbarkeit gehören zu den wichtigsten Leitsymptomen dieser Arznei. Annäherung oder Berührung werden nicht vertragen. Ärger und Wut können Durchfall und sogar Zuckungen oder Spasmen auslösen.
Verschlimmerung: nachts; bei Zorn; bei Zahnung
Verbesserung: durch sanfte Bewegung und getragen werden

Chelidonium (**Schöllkraut**): Diese Arznei gehört zu den rechtsseitigen Mitteln, bei denen die meisten Beschwerden auf der rechten Körperseite lokalisiert sind. Sie wird gebraucht bei Leberbeschwerden und Gallensteinen, die mit einer Gelbsucht einhergehen.

Chamomilla *(Kamille) ist eines der Hauptmittel in der Homöopathie und wirkt auf das Nervensystem.*

Verschlimmerung: durch Bewegung; durch Wetterumschwung; um 4.00 Uhr und um 16.00 Uhr
Verbesserung: durch warme Speisen; beim Liegen auf dem Bauch; beim sich strecken

Chimaphila umbellata (**Dolden-Winterlieb**): Wirkt überwiegend auf die Nieren und die Urogenitalorgane. Bei Prostatavergrößerung und Hodenentzündung, wenn der Urin schleimig-eitrige oder blutige Spuren enthält.
Verschlimmerung: durch feuchte Kälte; im Sitzen; nach dem Sitzen auf kaltem Boden
Verbesserung: durch Bewegung; durch Gehen

China (**Chinarinde**): Diese Arznei war die erste, die von Hahnemann geprüft wurde. Sie wirkt auf Blut und Herz und ist angezeigt, wenn durch Flüssigkeitsverlust (Blutungen, Durchfall) große Schwäche entsteht, oder sogar der Kreislauf zusammenbricht und es zum Kollaps kommt. Der Körper ist sehr empfindlich gegen Berührung, gegen Schmerzen oder Zugluft. Übermäßiges Aufblähen des Abdomens durch Gasansammlung. Beschwerden erscheinen periodisch, jeden zweiten Tag.
Verschlimmerung: durch Flüssigkeitsverlust; durch Berührung
Verbesserung: durch festen Druck

Chininum arsenicosum (**Chininarsenit**): Allgemeine Müdigkeit und Entkräftung sind typisch für diese Arznei. Kälte der Gliedmaßen.

Cicuta virosa (**Wasserschierling**): Sollte bei heftigen Krämpfen und Spasmen, oft ausgelöst durch Verletzungen am Kopf oder an der Wirbelsäule, angewandt werden. Der Patient ist äußerst empfindlich gegen Berührung. Epileptische Spasmen durch Schreck oder Schock, wobei sich die Glieder oder der Kopf sehr stark verzerren. Schielen nach einem Unfall. Es besteht Appetit auf unverdauliche Sachen, wie Kreide oder Kohle.
Verschlimmerung: bei Verletzungen des Gehirns; durch Berührung; bei Lärm; durch unterdrückte Hautausschläge
Verbesserung: durch Wärme

Cinnabaris (**Zinnober**): Indiziert bei Warzen an der Vorhaut, die gerötet und geschwollen ist, und bei kleinen roten Pünktchen an der Eichel.

Clematis (**Aufrechte Waldrebe**): Hat eine deutliche Wirkung auf die Schleimhäute der Augen und der Harnröhre, sowie auf die Drüsen, besonders die Hoden und Brustdrüsen. Angezeigt bei chronischer Bindehautentzündung, mit schleimigen, eitrigen Absonderungen. Auch bei sehr harten, schmerzhaft angeschwollenen Hoden, wobei meist die rechte Seite betroffen ist.
Verschlimmerung: nachts; durch Bettwärme; durch kaltes Waschen
98 **Verbesserung:** durch Schwitzen; im Freien

Cocculus (**Indische Kockelskörner**): Wirkt auf die Sinnesorgane und motorischen Nervenbahnen. Der Patient neigt zu Furcht, Zorn oder Kummer und ist sehr empfänglich für störende psychische Einflüsse. Fahren im Auto, Boot oder Eisenbahn verursacht Übelkeit und Erbrechen. Speichelfluss und Durst sind wichtige Leitsymptome dieser Arznei.
Verschlimmerung: durch passive Bewegung; durch Fahren; bei Schlafmangel; durch Geruch von Speisen
Verbesserung: durch ruhiges Liegen

Colchicum (**Herbstzeitlose**): Diese Arznei ist angezeigt bei Leber- und Verdauungsbeschwerden, häufig in Verbindung mit Gicht oder Rheumatismus. Vor allem die kleinen Gelenke sind betroffen und sehr empfindlich auf Berührung und Bewegung. Der Geruch kochender Speisen, besonders von Fisch, führt zu Übelkeit. Das Abdomen ist extrem aufgebläht.
Verschlimmerung: bei feuchtkaltem Wetter; durch Bewegung; durch Berührung; bei starken Gerüchen; nachts
Verbesserung: durch Wärme; durch Ruhe; durch ruhiges Liegen

Colocynthis (**Koloquinte**): Sollte bei quälenden, krampfartigen Bauchschmerzen, die den Patienten zusammenkrümmen lassen, angewandt werden. Angestaute Emotionen, wie Wut, sind häufig Auslöser derartiger Beschwerden. Die Schmerzen kommen in Wellen, anfallsartig und werden gefolgt von Gefühllosigkeit.
Verschlimmerung: bei Gemütsbewegungen; bei Kränkung; bei Wut; nachts
Verbesserung: durch Zusammenkrümmen; durch festen Druck; durch sanfte Bewegung

Conium (**Schierling**): Wirkt auf Muskeln, Nerven und Drüsen. Meist angezeigt bei älteren Patienten, die von einer allmählichen Lähmung auf allen Ebenen betroffen sind. Der Patient verschließt sich mehr und mehr, sein Gang wird unsicher und der Körper ständig schwächer. Ebenfalls angezeigt bei steinharten Schwellungen der Brustdrüsen, Hoden oder Prostata.
Verschlimmerung: beim Anblick von sich bewegenden Gegenständen
Verbesserung: durch Druck; durch fortgesetzte Bewegung

Crataegus (**Weißdorn**): Hat eine stimulierende Wirkung auf den Herzmuskel. Wird meist nicht potenziert, sondern als Tinktur eingenommen.

Cuprum metallicum (**Kupfer**): Wirkt auf Nerven und Muskeln und erzeugt heftige Krämpfe und Spasmen. Es ist angezeigt bei spastischen Erscheinungen, die durch Unterdrückung von Hautausschlägen entstehen.
Verschlimmerung: bei Gemütsbewegungen; bei Zorn; bei Schreck; durch Berührung; durch heißes Wetter
Verbesserung: durch kalte Getränke

Cyclamen (**Alpenveilchen**): Diese Arznei ist nah mit *Pulsatilla* (siehe „Konstitutionstypen", Seite 79) verwandt. In einer Hinsicht unterscheidet sie sich jedoch: während *Pulsatilla* als warmblütig gilt und Frischluft braucht, fröstelt *Cyclamen* leicht und hat eine Abneigung gegen Aufenthalt im Freien.

Digitalis (**Fingerhut**): Ist angesagt bei Herzerkrankungen, mit schwachem, extrem langsamem und unregelmäßigem Puls. Die Unterversorgung mit frischem Sauerstoff im Blut bewirkt eine Blaufärbung der Haut und Schleimhäute.
Verschlimmerung: durch Aufrichten; durch Bewegung; durch Anstrengung; durch Liegen auf der linken Seite
Verbesserung: durch Ruhe; bei kühler Luft

Drosera (**Sonnentau**): Hat eine deutliche Wirkung auf die Atemwege und gilt als Hustenmittel, vor allem bei Keuchhusten. Krampfartige Hustenanfälle folgen rasch aufeinander und können in Würgen und Erbrechen münden. Der Husten ist bellend und tief klingend. Ständiger, nächtlicher Kitzelhusten, sobald der Hund sich hinlegt. Der Husten kann Nasenbluten auslösen.
Verschlimmerung: nach Mitternacht; beim Hinlegen
Verbesserung: im Freien; durch Druck

Dulcamara (**Bittersüß**): Beschwerden, die durch feuchtkaltes Wetter oder durch starke Temperaturschwankungen entstehen, verlangen oft nach diesem Mittel. Die Erkältungsbeschwerden lösen starke Schleimhautabsonderungen aus, die dick und gelb sind. Die Augen sind fast immer mitbetroffen, meist in Form einer Bindehautentzündung. Auch häufig angezeigt bei großen, fleischigen Warzen.
Verschlimmerung: durch Verkühlung, wenn erhitzt; bei feuchter Kälte; beim Waten in kaltem Wasser
Verbesserung: durch Bewegung und Umhergehen; durch Wärme

Euphrasia (**Augentrost**): Hilfreich bei Erkältungen, wenn vor allem die Augen betroffen sind. Die Lidränder sind durch den reichlichen, beißenden Tränenfluss gerötet. Der Hund hat das Gefühl, als würde sich etwas im Auge befinden, deshalb reibt und blinzelt er ständig. Im Gegensatz zu den scharfen Tränen sind die Absonderungen aus der Nase mild. Durch die starke Reizung der Augen wird Licht, vor allem Sonnenlicht, schlecht vertragen. Der Hund hustet nur tagsüber, nachts lässt der Husten nach.
Verschlimmerung: abends; bei Sonnenlicht; im Wind
Verbesserung: im Freien; bei Dunkelheit

Ferrum phosphoricum (**Eisenphosphat**): Im Anfangsstadium fieberhafter Erkrankungen ist das Mittel zwischen *Aconitum* und *Belladonna* (heftig und plötzlich einsetzend) und *Gelsemium* (langsam und träge) angesiedelt. Rechtzeitig eingenommen, stoppt es häufig das Krankheitsgeschehen. Diese Arznei wird auch bei Schwächezuständen nach Operationen gebraucht.

Formica rufa (**Rote Waldameise**): Ein Mittel bei Arthritis und bei plötzlich auftretenden gichtischen oder rheumatischen Beschwerden. Häufig ist nur die rechte Körperseite betroffen.
Verschlimmerung: bei nasser Kälte; im Schnee
Verbesserung: durch Reiben, Kämmen; bei Druck; durch Wärme

Gelsemium (**Gelber Jasmin**): Hat eine deutliche Wirkung auf die Muskeln, wo es Schmerzen, Mattigkeit und Schwäche hervorruft. Der Hund scheint benommen, apathisch, zittrig. Die Arznei wird häufig bei Grippe gebraucht, wenn sich der Patient dumpf und schläfrig fühlt. Auch bei anderen erschöpfenden Erkrankungen, sofern die Symptome passen, sowie bei Durchfall durch Gemütserregung.

Muskelschmerzen, Mattigkeit und Schwäche sind die Symptome, die auf **Gelsemium** *hinweisen.*

Verschlimmerung: bei Erwartungsspannung; bei Furcht und Schreck; bei feuchtem Wetter; bei Frühlingswetter
Verbesserung: durch reichliches Urinieren; durch Schwitzen; durch Schütteln des Kopfes

Glonoinum (**Nitroglyzerin**): Wirkt auf den Blutkreislauf und ist deshalb eines der wichtigsten Mittel bei Hitzschlag oder Sonnenstich. Es bestehen heftige Kopfschmerzen und Blutwallungen zum Kopf hin.
Verschlimmerung: bei Hitze auf dem Kopf; bei Sonnenhitze; bei Bewegung; bei Erschütterung
Verbesserung: im Freien; durch kalte Anwendungen

Graphites (**Reißblei**): Sollte angewandt werden, wenn auf der psychischen Ebene Unentschlossenheit, Zweifel und Ängstlichkeit herrscht und körperlich vor allem die Haut betroffen ist. Es bilden sich Hautabschürfungen und Risse in Gelenkbeugen und Hautfalten, sowie an Stellen, wo

Haut und Schleimhaut ineinander übergehen, wie bei Nase, Mund oder After. Anderswo bilden sich Hautverdickungen und Schwielen, oder die Krallen sind dick und deformiert. Es besteht die Tendenz zu Fettleibigkeit.

Verschlimmerung: bei Kälte; bei Zugluft; bei Licht
Verbesserung: im Freien; beim Fahren im Wagen

Hamamelis **(Zaubernuss):** Wirkt auf das Venensystem und ist ein Mittel bei Verletzungen, vor allem bei lang anhaltenden, inneren Blutungen. Es besteht starke Schmerzhaftigkeit mit Zerschlagenheitsgefühl, häufig auch Erschöpfung. Es ist eine Arznei, die nach *Arnica* gegeben wird, wenn deren Wirkung nicht greift oder nachlässt.

Verschlimmerung: bei Verletzung, Prellung, Quetschung; bei Druck; im Freien; durch kalte, feuchte Luft
Verbesserung: durch Ruhe

Hepar sulfuris **(Calciumsulfid):** Große Schmerzempfindlichkeit und eine starke Eiterungsneigung sind charakteristisch für diese Arznei. Bei abgekapseltem Eiterungsherd hilft sie, den Abszess zu öffnen und die Heilung zu beschleunigen. Kalter Wind verursacht trockenen, kruppartigen Husten. Angezeigt bei wiederkehrenden eitrigen Mandel- und Nebenhöhlenentzündungen. Die Absonderungen sind reichlich, gelblich, faulig oder nach Käse riechend. Äußerst empfindlich gegen Kälte in jeder Form.

Verschlimmerung: bei trockener kalter Luft und Zugluft; im Winter; beim Essen oder Trinken von kalten Sachen; beim Berühren
Verbesserung: durch Hitze und Wärme; durch feuchtes Wetter

Hyoscyamus **(Bilsenkraut):** Wirkt auf das Gehirn und das Nervensystem. Eifersucht und Misstrauen rufen heftige, manische Ausbrüche hervor. Wutanfälle und albernes Benehmen im Wechsel. Die Arznei wird auch gebraucht bei Spasmen und epileptischen Konvulsionen mit Bewusstlosigkeit. Jeder Muskel des Körpers zuckt.

Verschlimmerung: durch Emotionen, bei Schreck, bei Eifersucht; durch Berührung
Verbesserung: durch Aufsetzen; durch Bewegung; durch Wärme

Hypericum **(Johanniskraut):** Diese Arznei ist ein Akutmittel bei Verletzungen von Körperteilen, die reich an sensiblen Nervenfasern sind. Das sind vor allem die Gliedmaßen, der Kopf und die Wirbelsäule. Die Schmerzen schießen am Nerv entlang und sind oft von einem Kribbeln oder Taubheitsgefühl begleitet. Auch angezeigt bei epileptischen Krämpfen, die nach einer Kopfverletzung entstehen.

Verschlimmerung: bei Verletzung; bei Erschütterung; durch Bewegung; bei kalter Luft

Verbesserung: durch sich strecken; durch Reiben

Ignatia (**Ignatiusbohne**): Wirkt auf Geist und Gemüt. Es wird gebraucht bei Beschwerden durch (Liebes-)Kummer oder Schreck. Überempfindlich und nervös, brütet vor sich hin, ist still und traurig.

Ipecacuanha (**Brechwurzel**): Schmerzen oder Atemwegsbeschwerden in Verbindung mit Übelkeit und Erbrechen sind Hauptzüge dieses Mittels. Typischerweise bessert sich die Übelkeit durch Erbrechen nicht und die Zunge ist nicht belegt, sondern sauber. Es besteht starker Speichelfluss. Bei Bronchitis oder Asthma ist der Husten trocken, krampfartig und endet mit Würgen und Erstickungsgefühlen. Es ist viel Schleim in der Brust, der nicht abgehustet werden kann. Bei allen Beschwerden ist der Hund durstlos.
Verschlimmerung: bei Wärme; bei Überladung des Magens
Verbesserung: im Freien; durch Ruhe

Jodum (**Jod**): Wirkt überwiegend auf die Schilddrüse und die Schleimhäute des Kehlkopfes und der Lungen. Der Hund ist äußerst ruhelos und ständig beschäftigt. Ihm ist immer zu heiß, darum sucht er sich einen kühlen Ort. Gewichtsabnahme trotz guten Essens. Angezeigt bei akuten Kehlkopfentzündungen oder bei Lungenentzündung, die sich rasch ausbreitet.
Verschlimmerung: bei Hitze, warmem Zimmer und warmer Luft; bei Anstrengung; bei Ruhe; durch Berührung; bei Druck
Verbesserung: durch Kälte, kalte Luft, kaltes Baden; durch Umhergehen im Freien

Kalium bichromicum (**Kaliumbichromat**): Dieses Mittel hilft in vielen akuten und subakuten Fällen von Nasennebenhöhlenentzündungen und Grippe. Die Schleimhautabsonderungen sind dick, klebrig und zäh. Im akuten Zustand haben sie eine gelbe Farbe, später wird der Schleim weiß. Der Patient ist sehr anfällig für Erkältungen, vor allem bei feuchtkaltem Wetter.
Verschlimmerung: bei Kälte und feuchter Kälte; morgens
Verbesserung: bei Wärme und Hitze; durch Bewegung; durch Druck

Kalium phosphoricum (**Kaliumphosphat**): Dieses Mittel ist häufig angezeigt bei Erschöpfung durch körperliche oder nervliche Belastung. Der Hund ist sehr nervös, reagiert auf jede Störung verärgert und möchte am liebsten in Ruhe gelassen werden. Auch wenn man sich nach langer Krankheit nur mühsam erholt, kann dieses Mittel helfen. Die Zunge hat oft einen gelben Belag und auch die meisten anderen Absonderungen sind faulig oder eitrig.

Kreosotum (**Buchenholzkreosot**): Wirkt auf die Schleimhäute des Verdauungstraktes. Bei Erbrechen unverdauter Speisen, einige Stunden nach der Nahrungsaufnahme.

Lachesis (**Gift der Buschmeisterschlange**): Ein wichtiges Mittel bei Halsschmerzen und Mandelentzündung. Die Beschwerden sind meist linksseitig, oder gehen von dort auf die rechte Seite über. Es besteht ein starkes Schwellungsgefühl im Hals, was zu Angst vor Erstickung führen kann. Der Körper ist heiß, der Patient äußerst ruhelos. Der Schleim bleibt im Rachen kleben und kann nur mit größter Mühe hochgebracht werden. Es besteht eine dauernde Neigung zu Schlucken, aber die Bewegung des Kehlkopfes verursacht Schmerzen. Auch angezeigt bei starken Blutungen von dunkelroter Farbe.

Verschlimmerung: durch Wärme und Hitze; beim Schlucken; durch Berührung oder Druck am Hals

Verbesserung: im Freien; durch kaltes Trinken

Lachnanthes (**Wollnarzisse**): Bei rheumatischen Beschwerden im Halsbereich, bei so genanntem Schiefhals.

Ledum (**Sumpfporst**): Eine wichtige Arznei bei Hautverletzungen durch spitze Gegenstände, wie Nägel, Stacheldraht, Bisse oder Insektenstiche. Sie gilt als Prophylaxe gegen eine mögliche Tetanusinfektion. Die verletzte Stelle fühlt sich kalt an, gleichzeitig lindern kalte Anwendungen. Auch angezeigt bei Verstauchungen, wenn warme Anwendungen verschlimmern und der Schmerz durch Kälte nachlässt.

Lycopodium (**Bärlappsporen**): Eines der wichtigsten Konstitutionsmittel mit Wirkung auf Verdauungstrakt und Harnwege. Die Beschwerden sind häufig rechtsseitig lokalisiert, oder verlagern sich von rechts nach links. Es besteht die Neigung zu übermäßiger Gasansammlung. Appetit ist vorhanden, aber der Hund ist schon nach wenigen Bissen gesättigt. Gries im Urin kann zu Schmerzhaftigkeit und Aufjaulen beim Wasserlassen des Hundes führen.

Verschlimmerung: zwischen 16 und 20 Uhr; durch Wärme und warmes Zimmer; beim Erwachen.

Verbesserung: durch warme Getränke und warme Nahrung; durch Aufstoßen

Mercurius (**Quecksilber**): Bei dieser Arznei ist vor allem das Lymphsystem, mit Schwellungen von Knoten und Drüsen, betroffen. Es kommt zu Geschwüren und Entzündungen der Schleimhäute, die Absonderungen sind dünnflüssig, schleimig, scharf und haben meist eine gelbgrüne Farbe. Es besteht viel Speichelfluss mit üblem Mundgeruch, und der Hund ist äußerst empfindlich gegen Temperaturschwankungen. Es ist ein Hauptmittel bei Magengeschwüren. Sehr durstig.

Verschlimmerung: nachts; durch Temperaturwechsel; durch Zugluft; beim Liegen auf der rechten Seite

Verbesserung: durch mäßige Temperaturen; durch Ruhe; morgens

Mezereum (**Seidelbast**): Eine hilfreiche Arznei bei Hautbeschwerden mit heftigem Jucken oder neuralgischen Schmerzen. Plötzliche Schmerzen oder heftiges Kratzen werden von Frösteln gefolgt. Es ist angezeigt bei Ekzemen und juckenden Ausschlägen, die nach einer Impfung auftreten. Auch bei Beschwerden wie Hörverlust, Husten, Asthma oder Neuralgien, die durch unterdrückte Ausschläge hervorgerufen werden, ist dieses Mittel angezeigt.
Verschlimmerung: nachts; durch Wärme
Verbesserung: beim Essen; durch frische Luft

Myristica sebifera (**Muskatnussgewächs**): Ein Mittel mit großer antiseptischer Kraft, das zur Öffnung abgekapselter Eiterherde verwendet wird.

Natrium muriaticum (**Kochsalz**): Ein gestörter Natrium-Haushalt hat Auswirkungen auf viele wichtige Lebensfunktionen und damit auf den gesamten Organismus. Eine ausführliche Beschreibung im Kapitel „Konstitutionstypen", Seite 75.

Natrium sulfuricum (**Natriumsulfat**): Eine Arznei bei Beschwerden, die durch feuchte Kälte, oder durch Wohnen in feuchten Häusern oder Kellern entstehen. Asthma mit Schleimrasseln bei Wetterwechsel von trocken zu feucht. Es ist auch ein wichtiges Mittel bei Diabetes und chronischen körperlichen Beschwerden, wie Epilepsie, Tinnitus oder Schwindel, aufgrund von Kopfverletzungen.
Verschlimmerung: bei Feuchtigkeit; Liegen auf der linken Seite; abends
Verbesserung: im Freien; durch warme, trockene Luft

Nux vomica (**Brechnuss**): Wirkt überwiegend auf Gemüt und Verdauungssystem. Der Patient ist reizbar, nervös, streitsüchtig, ist eigenwillig und akzeptiert keine Einschränkungen. Überempfindlichkeit gegen Geräusche, Gerüche, Licht oder Musik. Angezeigt bei Beschwerden durch übermäßiges Essen und Trinken. Ebenfalls eine sehr wichtige Arznei bei vielen plötzlich auftretenden Spasmen und Verkrampfungen.
Verschlimmerung: am frühen Morgen; durch Kälte und kalte Luft; durch Zugluft; durch Berührung, durch Druck
Verbesserung: durch ungehindert fließende Absonderungen; durch Wärme; durch feuchte, warme Luft

Okoubaka (**Oktoknemataceae**): Hat eine entgiftende Wirkung und wird verwendet bei Beschwerden der Bauchspeicheldrüse.

Opium (**Schlafmohn**): Wirkt auf Geist, Gemüt, Nerven und Sinne. Wird gebraucht bei Beschwerden, die gekennzeichnet sind von großer Schläfrigkeit, Benommenheit, Trägheit und mangelnde Reaktion der Lebenskräfte. Ursache für solche Zustände sind häufig Schreck, Schock oder Kopfverletzungen. Charakteristisch für diese Arznei ist eine schnarchende, röchelnde Atmung.

Verschlimmerung: durch Hitze; durch Gemütserregungen; durch Schreck und Angst; durch unterdrückte Absonderungen oder Ausschläge

Verbesserung: bei Kälte und kalten Anwendungen; durch Bewegung

Petroleum **(Steinöl):** Ein wichtiges Mittel für Patienten, die an Fahrkrankheit leiden. Die Bewegung eines fahrenden Autos oder Schiffes verursacht Schwindel und Übelkeit. Ist der Magen gefüllt, geht es dem Hund gleich wieder besser. Diese Arznei wird auch gebraucht bei Hautproblemen, die von einer ungesunden

Schlafmohn in homöopathischer Aufbereitung wirkt auf Geist, Gemüt und Nerven.

Trockenheit geprägt sind. Die Haut ist rau, hart, schmutzig, verdickt und in den Hautfalten bilden sich tiefe Risse. Schon kleinste Verletzungen verursachen eitrige Geschwüre, die äußerst langsam verheilen.

Verschlimmerung: durch passive Bewegung beim Fahren; durch kaltes, winterliches Wetter

Verbesserung: beim Essen; durch Wärme und warmes, trockenes Wetter

Petroselinum **(Petersilie):** Wirkt auf die Urogenitalorgane und wird gebraucht bei plötzlich auftretendem Harndrang. Es besteht heftiges Brennen und Stechen und ein äußerst starker Juckreiz in der Harnröhre, die den Hund aufspringen oder aufjaulen lässt. Eine alternative Arznei, wenn *Cantharis* keine Wirkung zeigt.

Phosphorus **(Gelber Phosphor):** Eine wichtige Arznei bei inneren und äußeren Blutungen, die nur schwer zu stillen sind. Das Blut ist von hellroter Farbe. Mehr über diese Arznei im Kapitel „Konstitutionstypen".

Phytolacca **(Kermesbeere):** Eines der Mittel bei Halsentzündung mit dunkelrotem oder bläulichem Rachen. Die Schwellung der Mandeln löst ein Kloßgefühl aus, das zu ständigem, schmerzhaftem Schlucken zwingt. Diese Arznei wird auch gebracht bei Mastitis, wobei die Brustdrüsen steinhart geschwollen, schwer und schmerzhaft sind. Das Gesäuge ist häufig

106 sehr empfindlich, wund und rissig.

Verschlimmerung: beim Schlucken; durch Bewegung; durch Berührung
Verbesserung: durch kalte Getränke; durch Stützen der Milchleiste.

Platinum (**Platin**): Wirkt überwiegend auf das Nervensystem und die Geschlechtsorgane. Die Stimmungslage ist instabil und wechselt ständig zwischen „himmelhoch jauchzend" und „zu Tode betrübt". Es besteht heftiges sexuelles Verlangen und das Genital ist äußerst empfindlich gegen Berührung.
Verschlimmerung: durch Gemütsbewegungen; durch Berührung
Verbesserung: beim Gehen im Freien

Podophyllum (**Entenfuß**): Hat hauptsächlich Einfluss auf den Darmbereich und die Leber. In den Gedärmen rumort und gluckert es, dann folgt eine reichliche und stinkende Diarrhö, die in einem Schwall aus dem Rektum schießt. Der Durchfall ist meist lange anhaltend, beginnt früh am morgen und erst abends verfestigt sich die Konsistenz.
Verschlimmerung: frühmorgens; beim Essen; durch Warmes, heißes Sommerwetter
Verbesserung: durch Reiben der Lebergegend; durch Liegen auf dem Bauch

Psorinum (**Krätzebläschensekret**): Dieses Mittel gehört zu den so genannten Nosoden, jener kleinen Gruppe von Arzneien, deren Wirkstoff aus krankhaftem Körpergewebe hergestellt wird. Im Mittelbild von *Psorinum* stehen Hautbeschwerden und außerordentliche Kälteempfindlichkeit im Vordergrund. Es wird auch gebraucht bei Krankheiten wie Asthma, Bronchitis oder chronischer Durchfall, wenn diese durch unterdrückte Hautausschläge entstanden sind. Der Körper hat einen schmutzigen Geruch, sogar nach dem Baden. Der Patient ist besonders empfindlich gegen Kälte, Luft oder Wetterwechsel.
Verschlimmerung: durch Kälte; im Freien; durch Unterdrückungen
Verbesserung: bei Hitze; bei Sommerwetter

Pulsatilla (**Küchenschelle**):
Ein Mittel für sanfte, gefühlsbetonte und nachgiebige Charaktere mit sehr wechselhaften Symptomen. Zu den Haupt-

Pulsatilla-Charaktere sind sanft, gefühlsbetont und nachgiebig und vertragen kein fettes, gehaltvolles Futter.

zügen gehören Verlangen nach frischer Luft, Durstlosigkeit und die Unverträglichkeit von fettem und gehaltvollem Futter. Es kommt zu Mittelohrentzündung bei Erkältung, mit dicken, eitrigen und übel riechenden Absonderungen. Obwohl der Patient fröstelt, geht es ihm besser, wenn er im Freien ist. Der Verzehr von fetter Nahrung führt zu Blähungen und Bauchschmerzen. Kein Stuhl gleicht dem anderen. Bei Blasenentzündung besteht ständiger Harndrang, der sich im Liegen verschlimmert.

Verschlimmerung: durch Wärme und warmes Zimmer; abends; durch fette Speisen

Verbesserung: durch kalte und frische Luft; durch langsame, sanfte Bewegung

Rhododendron (**Alpenrose**): Wirkt auf das Bindegewebe und wird gebraucht bei rheumatischen und gichtischen Symptomen, vor allem, wenn sich diese bei heißem Wetter verschlimmern. Es kommt zu entzündlichen Schwellungen der Gelenke, die von einem Gelenk zum anderen wandern.

Verschlimmerung: durch nasses, kaltes, stürmisches Wetter; durch Ruhe

Verbesserung: durch sonniges, trockenes Wetter

Rhus toxicodendron (**Giftsumach**): Viele Beschwerden, die durch Abkühlung oder feuchtkaltes Wetter entstehen, verlangen nach diesem Mittel. Es wirkt auf das Bindegewebe und vor allem auf Bänder und Gelenke. Weil der Hund in keiner Lage Erleichterung finden kann, ist er sehr ruhelos, besonders nachts. Durchfall oder Lähmungserscheinungen nach Liegen auf feuchtkaltem Boden brauchen häufig diese Arznei. Ebenfalls bei brennenden, juckenden Hautausschlägen, die aus feinen Bläschen bestehen.

Verschlimmerung: bei Verstauchungen; durch Nässe und Kälte; in der Ruhe; beim Aufstehen, zu Beginn der Bewegung

Verbesserung: durch fortgesetzte Bewegung; durch Lagewechsel; durch warmes, trockenes Wetter; durch Einhüllen

Rumex (**Krauser Ampfer**): Diese Arznei wird bei Atemwegsbeschwerden gebraucht, wobei die Schleimhaut extrem empfindlich auf Kälte und frische Luft reagiert. Es besteht ein Kitzeln im Kehlkopfbereich, wodurch ein trockener, quälender Husten ausgelöst wird.

Verschlimmerung: durch Einatmen kalter Luft; durch Temperaturwechsel

Ruta (**Weinraute**): Wirkt überwiegend auf Knochenhaut, Knorpel und Beugesehnen. Es wird gegeben bei Schienbeinprellungen, nach Frakturen zur Heilung der verletzten Knochenhaut oder, wenn sich durch Überanstrengung Knoten an den Sehnen gebildet haben. Bei einer Sehnenverletzung sollte es sofort als Erste Hilfemaßnahme verabreicht werden. Der Patient ist sehr ruhelos.

Verschlimmerung: durch Überanstrengung der Sehnen und Augen; durch Kälte und Abkühlung; durch feuchtkaltes Wetter
Verbesserung: durch Wärme; durch Bewegung; durch Lagewechsel

Secale (**Mutterkorn**): Eine Arznei, die bei Wehenschwäche oder nachlassender Wehentätigkeit angewendet wird bei meist kraftlosen, geschwächten aber ruhelosen Tieren. Das Mittel kommt auch zum Einsatz bei kleinen Wunden, die nicht aufhören zu bluten. Das Blut ist dünnflüssig, eitrig und hat einen fauligen Geruch.
Verschlimmerung: durch Wärme; durch Zudecken
Verbesserung: durch Kälte und kalte Luft; durch kaltes Baden

Selenium (**Selen**): In Prüfungen ruft diese Arznei Haarausfall am ganzen Körper hervor.
Verschlimmerung: durch schwächende Ursachen
Verbesserung: abends, nach Sonnenuntergang

Sepia (**Tinte des Tintenfisches**): Diese Arznei ist in erster Linie ein Mittel für Hündinnen, mit Wirkung auf die Beckenorgane und den Kreislauf. Traurigkeit und Gleichgültigkeit. Die Hündin fröstelt leicht und ist sehr empfindlich gegen kalte Luft. Sie hat kein sexuelles Verlangen mehr und kann sich Rüden gegenüber recht böse verhalten. Körperlich kommt es zu Kreislaufstörungen, Verstopfung, Uterus- oder Vaginalprolaps, wobei das Gefühl besteht, alles wolle aus dem Becken hervortreten. Diese konstitutionelle Arznei wird auch häufig gebraucht bei Beschwerden durch Hormonumstellungen.
Verschlimmerung: durch Kälte und kalte Luft; durch Schwangerschaft/Trächtigkeit
Verbesserung: durch kräftige Bewegung; durch Wärme

Silicea (**Kieselsäure**): Ein wichtiges Konstitutionsmittel, das oft gebraucht wird bei wiederholten Infektionen, Nebenhöhlenentzündungen oder Eiterungen. Der Hund ist meist von zarter Natur, etwas schüchtern und sehr empfindlich gegenüber Geräuschen, Zugluft und Kälte. Neben vielen Erkältungsbeschwerden ist dieses Mittel auch angezeigt bei Abszessen, die meistens hart und nicht besonders schmerzhaft sind. Diese Arznei fördert außerdem die Austreibung von Splittern oder Dornen aus dem Gewebe.
Verschlimmerung: durch Kälte und kalte Luft; durch Zugluft
Verbesserung: durch Wärme und warmes Einhüllen

Spongia (**Gerösteter Meerschwamm**): Wirkt auf Herz und Atemwege, besonders in den oberen Regionen. Erkältungen setzen sich im Kehlkopf fest und sind von einer außerordentlichen Trockenheit der Schleimhäute begleitet. Wenn starkes Schleimrasseln besteht, ist dieses Mittel nicht angezeigt. Der Husten ist trocken, bellend, Kruppartig. Der Hund schläft in die Ver-

schlimmerung hinein und wacht kurz nach Mitternacht ängstlich und mit einem starken Erstickungsgefühl auf. Auch bei Herzbeschwerden, wie Angina pectoris, ist eine Verschlimmerung nach Mitternacht charakteristisch.
Verschlimmerung: durch trockenen, kalten Wind; durch Anstrengung
Verbesserung: durch Liegen; durch warmes Essen und Trinken

Staphisagria (Stephanskraut): In der konstitutionellen Verschreibung wird diese Arznei gebraucht bei frühzeitigem Zahnverfall, wenn sich die Zähne schwarz verfärben und abbröckeln. Als Akutmittel ist es angezeigt bei Schnittwunden durch ein scharfes Messer oder Glas. Es lindert Wundschmerzen nach einer Operation oder nach Zahnextraktion, wenn *Arnica* keine Wirkung mehr zeigt. Das gleiche gilt, wenn nach einer Schließmuskeloperation oder Schließmuskeldehnung Schmerzen zurückbleiben. Die Haut ist sehr empfindlich gegen Berührung.
Verschlimmerung: bei Gemütsbewegungen, Demütigung, Kummer; durch Berührung; bei Kälte
Verbesserung: durch Wärme; durch Ruhe

Sulphur (Schwefel): Der potenzierte Schwefel zählt zu den wichtigsten homöopathischen Arzneien, mit Wirkung auf fast jeden Organbereich. Das Blut scheint im Kreislauf ungleichmäßig verteilt zu sein, was zu lokalen Rötungen mit Hitze und Brennen führt. Der Patient hat viel innere Hitze und möchte sich deshalb am liebsten an einem kühlen Ort aufhalten. Die Haut hat meist ein ungepflegtes, ungesundes Aussehen. Es gibt die unterschiedlichsten Hautausschläge, die gut auf dieses Mittel reagieren, aber sie alle brennen und jucken, so dass sich der Hund dauernd kratzt. Absonderungen und Ausdünstungen sind im Allgemeinen übel riechend. *Sulphur* wird auch als Reaktionsmittel gebraucht, wenn sorgfältig gewählte Arzneien keine Wirkung zeigen, oder bei Krankheiten mit ständigen Rückfällen.
Verschlimmerung: bei Unterdrückung von Hautausschlägen; durch Absonderungen; durch Zugluft; durch warme Räume
Verbesserung: im Freien; durch Abkühlung der erhitzten Körperteile

Symphytum (Beinwell): Diese Arznei wirkt auf die Knochenhaut, das Knochen- und Knorpelgewebe. Es wird nach Frakturen gebraucht, wenn die Knochen nicht richtig zusammenwachsen wollen. Das Mittel kann äußerlich als Urtinktur aufgetragen, und oral als C-12 einmal täglich eingenommen werden.

Syzygium (Jambulsamen): Ein sehr nützliches Mittel bei Diabetes. Es reduziert den Zucker im Urin.

Tabacum (Tabak): Ein Mittel bei Reisekrankheit. Der Patient leidet unter starker Übelkeit und muss bei der geringsten Bewegung erbrechen. Hitze verschlimmert den Zustand, kalte Luft dagegen bessert.

Thuja (**Lebensbaum**): Eine konstitutionell wirkende Arznei mit Einfluss auf die Schleimhäute des Urogenitaltraktes, den Darm und die Haut. Es bestehen Schmerzen in Blase und Harnröhre, der Harndrang ist groß, aber der Patient muss lange warten, bis der Urin kommt. Auch angezeigt bei unwillkürlichem Urinabgang durch Husten, oder nachts im Schlaf. Die Haut neigt zu warzenartigen Wucherungen und schwammigen Tumoren. An den Augenlidern bilden sich Gerstenkörner und Lidknorpeltumore. *Thuja* ist ebenfalls eine wichtige Arznei bei Beschwerden nach Impfungen.
Verschlimmerung: durch feuchte, kalte Luft
Verbesserung: durch Wärme und warmes Einhüllen

Uranium nitricum (**Uranylnitrat**): Ein Diabetesmittel, der Patient ist schwach, abgemagert, aber hat einen aufgetriebenen Bauch. Er ist extrem durstig, und es kommt häufig zu Übelkeit und Erbrechen. Beim reichlichen Wasserlassen brennt die Harnröhre durch den sehr sauren Urin.

Urtica urens (**Brennnessel**): Ein Mittel bei geröteten, heftig juckenden Hautausschlägen. Die Rötungen zeigen typischerweise in der Mitte einen weißen Punkt. Bei Nesselfieber nach dem Baden, durch Wärme, bei Verbrennungen, oder als allergische Reaktion nach einem Insektenstich. Der Hautausschlag ist oft von rheumatischen Beschwerden begleitet.
Verschlimmerung: durch feuchte Kälte; durch Schneeluft; durch Berührung

Veratrum album (**Weiße Nieswurz**): Kollaps und schnelles Absinken der Lebenskraft durch Brechdurchfall können nach diesem Mittel verlangen. Der Patient fühlt sich eiskalt an, ist in kaltem Schweiß gebadet, seine Haut und Schleimhäute sind bläulich gefärbt. Es besteht großer Durst auf kaltes Wasser, das aber sofort wieder erbrochen wird.
Verschlimmerung: bei Anstrengung; beim Trinken
Verbesserung: durch Wärme und warmes Zudecken

Ein Kollaps ist lebensgefährlich – der Hund muss zugedeckt werden.

Anhang

Über den Autor

René Prümmel, geboren 1953, arbeitete zunächst als Journalist bei verschiedenen Zeitungen und Zeitschriften. Nach einer Ausbildung an der Internationalen Schule für klassische Homöopathie in Hechtel/Belgien ist er heute als Buchautor und Heilpraktiker mit eigener Praxis für klassische Homöopathie tätig.

Sein erster Hund – er bekam ihn vor 30 Jahren – war ein Colliemischling. Seither ist seine Leidenschaft für Hunde ungebrochen.

Verwendete Literatur

S. R. Phatak
Homöopathische Arzneimittellehre
Urban & Fischer Verlag, München (2003)

J. T Kent
Kents Arzneimittelbilder
Karl F. Haug Verlag, Heidelberg (1993)

H. C. Allen und Manfred von Ungern-Sternberg
Leitsymptome wichtiger Mittel der homöopathischen Materia Medica
Ulrich Burgdorf Verlag, Göttingen (2002)

Frans Vermeulen
Synoptische Materia Medica
Kai Kröger Verlag, Groß Wittensee (1998)

William Boericke
Homöopathische Mittel und ihre Wirkungen
Verlag Grundlagen und Praxis, Leer (1995)

Sylvia Dauborn
Lehrbuch für Tierheilpraktiker
Johannes Sonntag Verlagsbuchhandlung, Stuttgart (2000)

H. G. Wolff
Unsere Hunde-gesund durch Homöopathie
Sonntag Verlag, Stuttgart (2002)

Angeline Bauer/René Prümmel
Der gesunde Hund
Oertel + Spörer Verlag, Reutlingen (2008)